编委会名单

顾　　问：王贵岭

主　　编：吴福康

副 主 编：吴　震　张沛君　朱陵富

编　　委（按姓氏笔画排序）

朱　忠　沈永林　李　岚　张　怡

金宝才　居其明　陈一超　陈立伟

夏越青　盛静忠　董　强　鞠春芳

执行编委：沈永林　朱陵富　盛静忠　陈一超

上海市浦东新区

清洁生产案例及论文选编

（2009）

上海市浦东新区环境保护和市容卫生管理局
上海市浦东新区环境保护协会 编

中国环境科学出版社·北京

图书在版编目（CIP）数据

上海市浦东新区清洁生产案例及论文选编：2009/上海市浦东新区环境保护和市容卫生管理局，上海市浦东新区环境保护协会编．—北京：中国环境科学出版社，2009.12

ISBN 978-7-5111-0137-2

Ⅰ．上… Ⅱ．①上… ②上… Ⅲ．无污染工艺—经验—浦东新区—文集 Ⅳ．X383-53

中国版本图书馆 CIP 数据核字（2009）第 216036 号

责任编辑	葛　莉
责任校对	尹　芳
封面设计	龙文视觉

出版发行	中国环境科学出版社
	（100062　北京崇文区广渠门内大街 16 号）
	网　　址：http://www.cesp.com.cn
	联系电话：010-67112765（总编室）
	发行热线：010-67125803
印　　刷	北京东海印刷有限公司
经　　销	各地新华书店
版　　次	2009 年 12 月第 1 版
印　　次	2009 年 12 月第 1 次印刷
开　　本	787×1092　1/16
印　　张	11.25
字　　数	165 千字
定　　价	28.00 元

序

由浦东新区环保市容局和环境保护协会编写的《上海市浦东新区清洁生产案例及论文选编（2009）》（以下简称《选编》）正式编印完成了，这对我们在新的历史起点上，搞好"二次创业"，实现新的跨越，创建生态区具有积极意义，值得祝贺。

清洁生产，既是生产方式的革命，也是思想理念的创新。清洁生产将整体预防的环境战略贯穿、应用于生产过程，有效确保废物减量、节能减排、污染预防和减少风险，为发展低碳经济、推进循环经济，打造浦东新区生态工业体系提供了一条重要途径。

自《中华人民共和国清洁生产促进法》和《清洁生产审核暂行办法》颁布实施以来，新区的清洁生产在企业示范、人员培训、机构建设、法制建设和国际合作等多方面，都取得了很大进展。上海通用汽车公司被评为国家环境友好企业，上海贝尔公司等一批企业被评为新区绿色企业。本书集清洁生产案例、审核报告、工作研究和法律法规等相关内容之大成，代表着新区开展清洁生产的最新成果，标志着新区的清洁生产开始步入法制化、规范化、常态化管理的轨道。

浦东开发开放近二十年，摒弃高消耗、高排放、低效率（"两高一低"）的传统发展模式，坚持经济、社会、环境的协调发展，人与自然和谐发展，走上了一条清洁发展、节约发展、安全发展和可持续发展的道路，环境保护和环境建设的成效显著。

随着浦东开发开放的不断深入，经济增长迅速、人口大量涌入、资源禀赋不足、环境承载力低的矛盾逐渐显现，并呈现复合型的特点，对新区整体环境的持续改善形成压力。在学习实践科学发展观的过程中，新区政府、企业和社会等方方面面，按照《中华人民共和国清洁生产促进法》和《清洁生产审核暂行办法》，强化企业生产过程控制和清洁生产审核，督促企业从源头上减少污染物的产生和排放，积极倡导企业社会责任体系建设和环保诚信体系建设，设立浦东新区环保基金，鼓励企业开展清洁生产。通过这一系列举措，作为浦东新区创建生态区的一项基础工作，清洁生产正成为企业的一种自律意识和自觉行动。事实证明，推行清洁生产是防治工业污染、搞好节能减排的最佳模式，是发展循环经济、低碳经济的重要切入点，也是建设资源节约型、环境友好型社会的必由之路。在现时条件下，继续积极鼓励和积极推动清洁生产，对未来新浦东坚持全面、协调、可持续发展战略，打造成科学发展的先行区、"四个中心"的核心区、综合改革的试验区和开放和谐的生态区，意义尤其重大。

我相信《选编》的正式出版，必将进一步调动各方面搞好清洁生产的积极性，引导和推动清洁生产工作不断迈上新的台阶，为建设适宜人居、适宜创业的生态浦东作出新的贡献！

浦东新区人民政府副区长

目 录

第一部分 浦东新区清洁生产审核案例

第二部分　清洁生产论文

第三部分　清洁生产有关法规和政策

第四部分　清洁生产基本知识

第一部分

浦东新区清洁生产审核案例

全程改进设备工艺　节能减排有成效

——上海浦城热电能源有限公司御桥生活垃圾发电厂案例

上海浦城热电能源有限公司御桥生活垃圾发电厂为中外合资企业，1998 年 6 月开始建设，2002 年 6 月投产，是我国大陆地区首座千吨级生活垃圾焚烧发电厂，主要负责上海浦东新区城区垃圾处理和热能利用。目前生产运行已超过设计负荷，设计日处理生活垃圾能力为 1 000 t，实际垃圾焚烧量保持在 1 300～1 400 t，相应产生的渗沥水、烟气、焚烧底渣、飞灰等一系列排放物都有所增加，并且厂内的渗沥水站、烟气处理系统等净化设备也负荷增加。因国内垃圾焚烧厂清洁生产的国家标准尚未公布，也未见国内焚烧厂进行清洁生产的案例报道。御桥生活垃圾发电厂在国内率先通过清洁生产进行减排和资源节约的实践，对于推动全国生活垃圾焚烧行业的可持续管理具有示范意义。

在浦东新区市容环保局支持下，该企业清洁生产审核于 2008 年 3 月开始，同年 11 月完成。此轮审核的主要目的是根据厂内的运行实际情况，通过对各个操作模块进行优化改造，让超负荷运行的垃圾焚烧处理实现处理能力最大化、能量转化效率最高，同时应使生产过程的污染物得到最佳的控制，实现环境风险的最小化。企业建立了以总经理为责任人的清洁生产审核工作小组，在上海大学清洁生产专家的指导下开展工作。企业组织各个部门的主管进行清洁生产培训，再由这些主管对所属的部门内员工进行培训，通过企业现行各种例会、厂局域网宣传专栏和宣传板，进行清洁生产宣传。同时组织员工对本岗位的原辅材料、技术工艺、过程控制、设备、产品、管理、废弃物及员工等八个方面，提出清洁生产合理化建议。

该企业生产工艺系统主要由锅炉系统、燃烧系统、烟气处理系统、汽轮发电系统及凝结水系统等组成。采用拥有专利技术的 SITY 2000 炉排，以确保垃圾的焚烧温度高于 850℃，以尽可能地达到完全燃烧。烟气净化采用了半干式反应塔和袋式除尘器并辅以活性炭喷射的工艺系统，有效去除烟气中的 NO_x、HCl 等酸性气体和二噁英。渗沥水处理站采用国际先进的专业渗沥水处理工艺，膜化生物处理（MBR）及碟管式反渗透（DTRO）处理，处理能力为 300 t/d，处理达到上海市《污水综合排放标准》（DB 31/199—1997）中三级标准后排放。炉渣送往上海寰保渣业处置公司实现综合处理利用。飞灰中含有重金属和二噁英等有害物质，全部送往上海市固体废物处置中心安全填埋。

清洁生产审核工作小组将各种原设计资料带到现场，对实际现场已改动部位绘制图纸或补充资料，对应分析，核对有关参数和信息，如物料进出、温度、压力、管网布局等，了解掌握原设计意图和更改目的；查阅、分析各种报表及记录，如生产报表和监测报表等；检查岗位操作规程执行情况，如是否执行规定的工艺要求、条件和操作程序；各种生产、质量检测记录是否准确完整；工人技术水平及实际操作状况；车间技术人员及工人的清洁生产意识等；与有关操作工人和工程技术人员座谈，了解生产运行实际情况，发现关键问题和部位，同时征集无费或低费方案；向行业专家咨询，查阅权威部门资料，了解国内同行业生产状况；分析、对比生产中存在的问题和差距。审核小组在全面考虑企业的财务、物力、技术能力及其他客观条件的基础上，从而确定垃圾焚烧过程的水资源消耗、烟气排放和工业节电作为审核的重点。审核小组建立锅炉燃烧和烟气处理系统的物料平衡，分析节能的潜力，从污染产生、废物产生的八个方面分析焚烧烟气减排的潜力；将公司水系统划分为 1 个大体系和 7 个中体系，建立水平衡图，水平衡结果显示，企业平均发电水耗、装机水耗、工业水重复利用率均可符合现行国家的标准限值，结合实际情况分析仍存在节水的潜力。还分析了降低飞灰处置运行费用的潜力和渗沥水能源利用的潜力。

工作小组在上述工作的基础上，设置了清洁生产目标。根据运行状况、周边环境、政策法规等，确定各种方案 32 项，其中中费或高费方案 2 项，无费或低费方案 30 项，在审核过程中全部实施，其中无费或低费方案投资 162.3 万元，中费或高费方案投资 127 万元，预期实现年经济收益为 341 万元，年节约用水 2.8 万 t，节电 47.2 万 kW·h，年减排废水 2 万 t、HCl 6.5 t、NO_x 62 t 和 COD 2.4 t。

中费或高费方案有：① 过热器绞龙和灰斗的改造。余热炉过热器螺旋绞龙太长，保温效果不好，且密封性能差，烟气容易泄漏，因此对过热器绞龙和灰斗进行改造。改造后热损失减小，炉效率提高 0.1%，年多发电 4 万 kW·h，减少漏风，降低其散热损失，减少烟气中 HCl 酸性气体等的排放。② 渗沥水减排与处理系统节能。通过对现有渗沥水处理系统的综合改造，采用渗沥水 MBR 膜处理后的出水回流、对消化罐进行喷洒控温、多余污泥排出系统、高效板式交换器替代冷冻机节能改造和渗沥水炉膛回喷等工艺和技术，使消化罐的微生物能够正常生长，可以减少污泥的排放量，并使得消化罐内污泥浓度维持稳定，减少渗滤水的排放，又使渗滤水得到了资源化利用，同时还可降低运行的动力消耗。改造后年节电 16 万 kW·h，减少渗沥水排放 100 t。

经过本轮清洁生产审核，各项指标均能完成原定的各项清洁生产目标，详见下表。

清洁生产审核前后各项技术指标对比表

序号	项目	本轮目标	审核前	审核后	差值	削减率/%
1	HCl 排放浓度/（mg/m³）*	45	50	44	6	12
2	NO_x 排放浓度/（mg/m³）	250	300	240	60	20
3	新鲜水用水量/（万 t/a）	38	40	37.2	2.8	7
4	厂用电率/%	24	24.4	24	0.4	
5	废水排放量/（万 t/a）	32.7	34.7	32.7	2	5.8
6	COD 排放浓度/（mg/L）	110	117	110	7	6

注：表中所用体积单位 m³ 为标准状态下的体积数据。

清洁生产无止境　先进企业同样有潜力

——松下能源（上海）有限公司案例

中国政府在"十一五"规划中明确提出节能减排的目标，强化了环保管理的力度。为此，松下集团开展了从 2007 年 4 月到 2010 年 3 月为期 3 年的"中国绿色计划"活动。2007 年在北京举行"松下集团·中国环境论坛"上，松下集团在其"中国环境贡献企业宣言"中提出，将能源消耗和水使用量等中国"十一五规划"所提出的环境目标和 2010 年的远景目标，设定为企业内部目标，在 2009 年度（2009 年 4 月至 2010 年 3 月）内达到全部目标水平，并且全部制造工厂通过清洁生产审核，12 家工厂争取获得国家级、省、直辖市级环境友好企业表彰。松下集团中国环境目标为：2009 年与 2005 年相比，单位产值的 CO_2 排放量削减 20%，单位产值的废物削减 30%以上，废物回收率 90%以上，单位产值的废物削减 30%以上，重点削减物质（368 种）的移动量排放削减 10%，单位产值水使用量削减 30%。2008 年，松下集团在浦东新区的 6 家企业都开展清洁生产审核，本书分别给予介绍。

松下能源（上海）有限公司（原名：上海松下电池有限公司）是世界著名的跨国公司——日本松下集团在上海投资的第一家合资企业，公司于 1993 年 10 月登记注册，1995 年 5 月正式投产。公司主要生产 Panasonic 各类电池及电池应用器具，为无汞碱性锌锰干电池，因引进和采用松下最先进的技术和设备，在电池产品的领域内达到国际一流水平。公司在国内电池行业中是首家获得了 ISO 14001 环境管理体系认证的企业，并取得了 ISO 9001 认证，并获得上海市高新技术企业、上海市先进技术企业等各类称号。

审核过程　公司成立清洁生产审核领导小组和清洁生产审核推进小组，并委托上海环科院清洁生产中心作为技术咨询单位，2008 年 1 月启动了本轮清洁生产审核，于 10 月完成。企业期望能通过本轮清洁生产达到企业节能、降耗、减污、增效的目的，达到松下集团的整体环境目标。

清洁生产审核推进小组制订了详细的清洁生产审核推进计划，对全公司的原材料和能源情况、设备管理情况、技术工艺情况、废物管理情况、过程控制情况、产品、管理、人员素质等八个方面进行了调查评估。并明确了熔锌炉、合剂调粉间、给排水系统以及生活锅炉作为本轮清洁生产审核的重点。对审核重点的原材料、能源消耗、生产过程以及废物的产生进行评估，通过建立审核重点的物料平衡，分析物料流失、能源浪费的环节，找出污染物产生和资源能源浪费的原因，查找材料储存、生产运行与管理和过程控制等方面存在的问题，研制中费、高费方案，并进行可行性分析，最后予以实施。在此过程中，审核小组发动公司全员参与清洁生产审核活动，鼓励员工提出各种低费、无费清洁生产方案，并且边审核边实施，取得了明显的管理绩效。

审核基本情况　企业已有 4 条流水线，正在进行二期工程，增加两条流水线，采用日本进口设备，生产自动化水平高。电池生产过程分外壳制作、零部件制作、合剂调和、电池装配成型、检验等几大步骤。生产所需原辅材料主要包括电池合剂的配料、电池外壳材料、电池装配和粘合材料等。投料和输送会造成粉尘的无组织排放。生产过程采用密闭输送和布袋除尘等措施，有效控制粉尘污染，并且回收作为原料的粉剂，但在搬运、转移、搅拌过程中存在洒漏炭黑和锰粉的情况。原材料中的甲苯、二甲苯在使用中会挥发出有机废气，收集后高空有组织排放。熔锌炉通过 LPG 燃烧融化锌锭，废气中主要是烟尘、微量锌、铅及其化合物，通过 10 m 排气筒排放。企业生产废水和生活污水的污染因子为 COD、BOD 和氨氮等，采用二级生化处理装置处理合格后排入附近河流。公司建立了一套有效的持续改善企业环境绩效的环境管理体系，每年都按时对公司的重要污染源进行监测，监测结果表明，能做到稳定达标排放。公司共计划安装各类计量表具 16 套，为管理提供必要的数据。企业固体废物主要来自生产过程中的包装材料、马口铁、塑料的边角料、废品电池、报废粘合剂、含油废物和生活垃圾，按法规要求进行处理。生活锅炉年消耗 79 590 L 柴油用于职工洗澡水加热和食堂使用蒸汽。依据《电池行业清洁生产评价指标体系（试行）》，企业的万元产值废水量及废水中污染因子及浓度均达到国家电池行业清洁生产先进水平，企业资源消耗均达到国内电池行业先进水平，因企业自动化程度高，人工操作少，使用大量气动元件和自动检测设备，造成生产线用电量比国内一般企业大。认为公司产品为全国行业优质产品，但产品一次合格率稍低于国内先进水平。经分析，不良原因主要集中于产品外观表面涂层的划伤。

清洁生产方案　本轮清洁生产审核，设定 5 项清洁生产目标。提出清洁生产方案 23 个，其中无费或低费方案 19 个，中费或高费方案 4 个。评估后确定实施 22 个方案，其中无费或低费方案 19 个，已全部实施；中费或高费方案 3 个，已经完成 2 个。低费方案投资 7.75 万元，年产生经济效益 119.6 万元；中费或高费方案投资 298.1 万元，年产生经济效益 109.39 万元。本轮清洁生产审核在取得明显经济效益的同时，也产生巨大的环境效益。累计共削减温室气体 CO_2 的排放量 727 t/a；年削减废水排放量 20 700 t/a；年削减废弃物排放量 18.6 t。

　　中费或高费方案介绍如下：① 熔锌炉改造工程。新熔锌炉包括锌锭输送导轨、熔锌炉、冷却碾、压延机和冲粒机。其中，熔锌炉采用五根陶瓷加热棒伸入锌液以下，LPG 和空气通入陶瓷加热棒中，混合燃烧，通过陶瓷加热棒把热量传导到锌液中，热量利用效率很高。在年消耗 LPG 为 90 600 kg 不变的情况下，每小时出锌量可达到 1 200 kg。能量利用效率提高 66.6%。② 调粉间搅拌机改造和粉剂输送系统改造。调粉间存在的问题是合剂输送系统不连续，需装箱运输，人工投料进行搅拌，洒漏损失明显，易造成炭黑的无组织排放。新方案建设全封闭形物料输送系统，引进密闭式 9V 振动干燥设备和自动拆包机，采用封闭管路系统自动投料，杜绝洒漏情况。③ 污水回用工程。现有污水处理站采用水解酸化＋曝气氧化的二级生化处理方法，污水处理站出水经混凝沉淀＋过滤＋消毒工艺深度处理后，用于工厂绿化和冲洗厕所等对水质要求不高的场合。④ 安装太阳能热水器。用太阳能加热洗澡水，节约柴油，集热面积 494 m²，供水量 20 t/d。

精细管理不断改进　节能降耗成果累累

——上海松下磁控管有限公司案例

　　上海松下磁控管有限公司系上海扬子江投资发展有限公司与日本松下电器分立器件株式会社合资组建而成的生产、销售家用微波炉用磁控管的专业企业。公司于1994年8月22日成立，引进日本松下公司先进的技术设备，并按相同的品质规格进行严格的质量管理，所生产的磁控管产品质量处于当今国际领先水平。根据松下集团的要求，公司主动开展清洁生产审核，专门成立了清洁生产推进委员会，由公司总经理亲自担任委员长，调配人员会同上海市环境科学研究院清洁生产中心的咨询专家共同组成清洁生产审核小组，自2007年12月启动，通过七个阶段的审核工作，于2008年11月完成清洁生产审核报告。

　　公司全面情况评估　公司生产活动主要分为支持体工程、阴极工程、阳极工程、上管帽工程、本体溶接工程、排气工程、管芯检查工程、外装冲床工程和完成组立工程九部分。过程中由于甲苯使用产生苯系物污染，喷砂处理工序存在粉尘污染，冲床加工及切削工序操作噪声较大，会产生地面油污染，都已采取防治措施，如设有专门的苯系物排放口和着炭工序排口排放苯系物，粉尘收集后经由喷砂排口和颗粒物排口对外排放，噪声大的设备采取有效的隔音、消音和减振措施，而且有围墙隔声。公司主要设备包括支持体连续炉、上管帽连续炉、阳极连续炉、排气设备以及一系列性能检查设备等，各种型号的冲床和用途各异的切削机以及清洗机等，各种部件供给装置以及各条组装流水线等，设施先进，效率高，资源利用率高。

　　公司组织结构为清洁生产在公司内的实施奠定了较好的管理基础，并做了大量工作，如公司投入 1 200 余万元，研发了一种效率能提高 4%的新型 Qv 磁控管，于 2007 年 10 月起进行大批量的生产，在国内外均处于行业技术领先地位。近年来，公司通过生产工艺的革新，在削减有害化学物质原料方面采取了一系列对策，如排气工程采用分子泵替代扩散泵，消除了丙酮作为泵清洗剂所产生的丙酮废液；着炭工艺采用低毒性的甲苯替代苯新工艺。生产过程需要用的原材料主要有铁、铜、铝、钼、银、镍、炭化钨以及甲苯等。公司通过加强 ISO 14001 环境管理体系实施和进行一系列节能减排措施等手段对原料的运输、装卸、贮存、回收等环节进行有效管理。包装材料用量虽大，但大部分均返回供应商，反复使用。主要动力设备包括回转式螺杆压缩机、空压机及冷水机组等，能源消耗包括电力、水、煤气等。对比公司 2005—2007 年的能耗、水耗数据，单位产值能耗、水耗明显降低，公司采取的一系列节能降耗措施取得了明显成效。

公司建立了较完整的环境管理体系，针对本公司的污染物特征建立了相应的程序文件，而且，在日常的生产工作中，能够按照文件要求进行污染物的防治管理工作。完善的体系保证，加之行之有效的人员操作，使公司运行过程中产生的水、气、声、固废类废物都能达到排放标准要求和妥善处理，在公司运行期间所有污染物排放没有监测到超标现象，确保了公司运行不影响周围的环境。

通过比选，本轮审核确定能源资源管理为审核重点，主要能源资源消耗种类包括电、水及煤气。并以节电量、削减天然气消耗量设置清洁生产目标。

重点审核内容　对企业用水系统进行了水平衡分析，公司新鲜水总用量中，浴室用水占 43%，其次为中央制冷空调 21%及生产大楼 20%，其他各项占总用水量 16%，即生活用水占大部分，已采取一些节水管理措施。根据近三年企业月度产值与电耗数据，绘制电耗与产值的 E-P 图进行分析，公司电能消耗量与产值有着直接关系，与生产量不直接相关的固定电能消耗较高，即办公活动、固定动力供应设备等方面耗电量较高。根据近三年企业月度产值与生产水耗数据，绘制水耗 E-P 图，由图可见，企业水耗与产量基本呈现正比关系。根据近三年企业月度产值与天然气消耗数据，绘制天然气消耗 E-P 图，由图可见，天然气消耗量随季节变化明显。

冬季气温低，浴室能源需求大，天然气消耗量最高；反之夏季消耗量最低。

　　清洁生产方案　本轮清洁生产审核，共提出清洁生产方案 43 项，其中的无费或低费方案 41 项，可行的中费或高费方案 2 项，并全部得以实施。无费或低费方案的实施合计投资 74 万元，预计可取得经济效益 171 万元/a，并有很好的环境效益，包括年节电超过 149 万 kW·h，减少 CO_2 排放 1 100 t/a，减少用水量 2.35 万 t/a 等。由于充分发动员工，无费或低费方案数量较多，考虑比较细致，如生产大楼屋面覆盖隔热涂料；通过减少高压空气气枪的数量和口径，降低电费；安装 Be Next 空调节能器，实现约 15%的节电率等；中费或高费项目两个，一是削减天然气消耗。对锅炉热交换器进行改造，更换新型热交换器设备，同时改造锅炉及其管道，改善保温，避免泄漏及传输过程的热量损失。二是中央空调改为柜式空调。使不同空间可以独立调节空调的使用，避免只有少部分区域需要制冷时中央空调必须全部开启对电能的浪费。中费或高费项目投资 69.2 万元，经济效益 56.7 万元/a，节电 62.25 万 kW·h/a，减少用气 3.6 万 m³/a。

精心组织审核　全面提高企业清洁生产水平

——上海松下微波炉有限公司案例

　　上海松下微波炉有限公司是由上海扬子江电子有限公司和日本松下电器产业株式会社共同组建的合资公司。公司于 1994 年 8 月成立，1995 年 10 月正式投产，公司主要产品是家用微波炉。公司于 1997 年获得 ISO 9001 质量管理体系认证，1998 年获得 ISO 14001 环境管理体系认证。在松下集团总部的统一安排下，公司成立清洁生产审核小组，由公司各主要部门派出专门人员会同上海市环科院清洁生产中心的专家共同组成，公司环境管理者代表担任审核小组组长，2007 年 12 月启动审核工作，通过七个阶段的过程，于 2008 年 11 月完成。

　　公司全面情况评估　公司遵循 ISO 14001 标准并保持公司完善的环境管理体系，持续改进企业环境管理行为。公司有明确的环境方针，公开承诺公司的活动、产品和服务严格遵守国家、地方的环境法律与法规以及各项条例，制定环境管理的目标与指标，并纳入公司经营目标。公司在先进环保理念指导下，不断改进产品，取得很好的环境效益和经济效益。如 1998 年开发的热风循环的机种使得产品加热更加均匀；1999 年开发搭载变频器控制的机种，节约电耗，而且减少了铜等金属材料的消耗，减少了包装材料；2005 年开发的蒸汽机种使得微波炉增加了烧烤、热风循环、蒸汽等多种加热方式，并且提高加热速度；以后开发了搭载重量传感器的微波炉，根据食物重量自动调节加热过程；采用上、下加热器和循环加热器，确保炉膛内温度保持在 300℃；开发了带有自净功能的微波炉和无转盘大容量的微波炉。

　　公司引进松下工艺和设备，在国际上处于先进水平。生产过程主要包括部品制造及整机组装。除部分外加工的金属零部件外，原材料经冲制、焊接，制成成型腔体。腔体经静电粉末涂装与其他电器、塑料零部件在组装线上组装成微波炉整机。生产设备包括组装生产线设备、部品加工的涂装设备、铆焊接设备、冲压设备、动力设备及其他辅助设备等。

公司使用的原材料主要包括组成微波炉体的金属材料和用于表面涂装处理的树脂材料，符合松下电器产业株式会社环境本部的要求，废止使用有害化学物质。公司通过 ISO 14001 环境管理体系等手段对原料的运输、装卸、贮存、回收等环节进行有效管理，有效地减少浪费。

公司主要动力设备为空压机，能源资源消耗包括电力、天然气、蒸汽、水等。除动力与空调用能外，涂装车间为电力消耗量最高的单位。除中央空调外，涂装车间蒸汽消耗量最大。企业已将中央空调的节电列为节能工作的重心之一，一方面积极采取硬件节能措施，提高能源利用效率；另一方面加强管理，制定空调管理责任制，对各部位中央空调的开启和温度设定分配有专门负责人员，确保公司节能规定的有力执行。

本轮审核根据历年月度能源消耗数据记录，对企业电耗、蒸汽、水耗及能源总费用进行能源—生产关系分析。各项能资源的消耗量随产量变化基本呈线性关系。其中，电耗 E-P 关系相对比较理想，偏离趋势线程度较低，显示出电能的消耗与产量关系密切，且消耗环节相对可控，说明企业对生产及办公过程耗电进行了较好的管理。水耗也基本呈现相对产量的正比例关系，但固定消耗（趋势线截距）较高且不稳定。蒸汽消耗的离散度最高，随产量变化的正比例关系不明显，随季节变化，每年夏季消耗量最高，冬季次之。数据分析表明，企业节能取得很好效果，但还存在需要改进的地方。

公司的主要污染物为工业废水、生活污水、工业粉尘、食堂油烟和噪声，都采取了较先进的治理设施，如涂装工序粉尘采用德国瓦格纳尔公司的 ICF 不锈钢滤芯喷房，粉末回收、集粉/供粉三位一体设计，粉末回收重复利用，不对外排放。企业污染物排放量有限，提供的监测报告表明污染物排放处于达标状态。

通过比选，涂装车间由于污染物排放量较大，且该部门具有较大清洁生产潜力，最终被审核小组确定为本轮审核的审核重点。确定清洁生产目标：近期 CO_2 减排量为 200 t/a，中远期为 400 t/a；涂装废气治理减少排放。

重点审核内容　涂装车间采用高压静电（10 000 V）粉体涂装技术对成型腔体进行涂装，粉末在粉桶中处于流化状态，压缩空气透过桶底流化板进入粉桶，通过定量供粉装置，经压缩空气将粉末涂料输送至高压静电喷枪，对腔体进行静电喷涂加工，经过 200℃以上的高温固化炉进行高温烘烤后，形成合格腔体。涂装过程中，消耗量最大的为环氧树脂粉末涂料。除大部分烧结于腔体上以外，粉体损耗包括吊架带出粉体、不良品消耗粉体、废粉损耗及废气带出的粉体等。通过测算，建立粉体物料平衡，根据物料平衡可见，粉末涂料损耗以不良品消耗为最多，占到未利用粉体中的 60%，因此，减少涂装不良品是提高涂装粉体利用率的关键。此外，减少废粉的产生或对其再生利用，也是提高资源利用效率的有效途径。审核小组对审核重点涂装车间的废弃物产生原因从原辅材料及能源、技术工艺、设备、过程控制、产品、废弃物、管理和员工等方面进行了分析，为制定清洁生产方案提供依据。

清洁生产方案　本次清洁生产审核，共提出清洁生产方案 40 项，其中可行的无/低费方案 37 项，可行的中/高费方案 3 项。由于充分发动员工，无/低费方案数量较多，考虑比较细致，全部得以实施，合计投资 19.2 万元，取得经济效益 193 万元，并取得了很好的环境效益，包括年节电 26.9 万 kW·h，节水 9 900 t 以上，节约蒸汽 1 767 t/a 等。中/高费项目中 1 项需进一步论证，2 项已实施，合计投资 24.4 万元，经济效益 16.4 万元/a，节电 22.8 万 kW·h/a，相当于 CO_2 减排 167 t/a。中/高费项目 3 项：① 空调系统安装节电装置，采用智能节电空调控制装置。② 压缩空气系统节能改造，购置安装 5 台联动空压机台数控制器，部分压缩空气管道更换大管径管道及检查减少漏气点。③ 涂装废气处理，采用水膜废气净化装置，可削减目前废气排放管道下烟气凝结物的处理成本约 3 万元。最后一个方案还需论证。通过本轮清洁生产审核，审核组认为上海松下微波炉有限公司取得了预期的效果，公司的生产与环境管理现状得到了提升，提高了全员参与的清洁生产与环境意识。

发动员工积极参与 审核生产经营全过程

——上海松下电工池田有限公司案例

上海松下电工池田有限公司是开发、设计、生产、加工照明电器、镇流器等相关电器产品、小家电产品、各类自动控制系统及相关零部件的外商独资企业。公司的前身是始于 1994 年的上海池田电机有限公司（隶属日本池田电机株式会社）。2000 年 7 月重新改组并更名后，成为日本松下电工集团下属外商独资企业。公司通过了 ISO 9001 质量管理体系认证和 ISO 14001 环境管理体系认证。公司积极响应日本松下集团总部倡导，在集团 Cost Busters（节约成本）和 Clean Factory（清洁工厂）工作的基础上，主动开展清洁生产审核。公司希望通过清洁生产审核技术方法的导入，形成一套完善的清洁生产审核制度与机制，规范各项清洁生产管理活动，促进自身管理水平提高，持续改善环境行为与绩效，实现公司环境管理工作的长效管理，进而提升公司的品牌效应。为此，组建了由总经理为组长的清洁生产审核事务局，其成员来自于管理、生产、技术、设备动力第一线的技术骨干，专门调配人员与上海市绿色工业促进会的审核师共同组成清洁生产审核小组。此轮审核自 2008 年 4 月正式启动，通过七个阶段的审核工作，于 2008 年 10 月底完成。

公司在开展清洁生产审核的过程中，强调清洁生产审核与企业环境宣传和教育相结合、清洁生产审核与推进 ISO 14001 相结合、清洁生产审核与 CB 活动（Cost Busters）相结合，发动员工积极参与，使清洁生产审核活动具有较好的群众基础。公司管理层及清洁生产审核小组成员近 50 人，接受了清洁生产方法、程序与内容的培训，另外 7 名员工参加了"清洁生产内审员培训班"，通过清洁生产内审员考试，取得合格证书。

在清洁生产专家指导下，企业清洁生产审核事务局全体成员分头深入生产一线，对生产原料采购、管理、质量控制、产品的生产过程、技术设备状况进行全面考察，收集大量原始记录、生产报表、环保排废等资料，从中找到影响产品质量、能耗、物耗实际情况，发现能耗大的原因。企业存在缺乏独立计量设施及能耗和电耗较大的问题。

该公司引进松下电工产业株式会社的工艺技术和设备，达到国际同类生产企业先进水平，主要生产销售的产品为地铁用屏蔽门、安全门系统控制设备、站台安全门、自动门装置、自动门组件、智能型电子镇流器、高频变压器、电感镇流器、CDM.HID 电子镇流器等产品。公司主要有高频变压器、电感镇流器、电子镇流器、自动门四条生产线。审核过程中对各生产线的能耗、物耗、水耗进行了全面分析，完成企业电能平衡图、高频变压器及电子镇流器物料平衡图、企业水平衡图，对企业高电耗的原因进行了分析。

审核过程中，对企业的环境保护状况和废弃物产生处置状况进行了评估。该企业产生生活污水、有机废气和焊接烟气、噪声及各工艺环节产生的其他废弃物。其中生活污水直接进入 A/O 法生化处理装置，处理达标后排放到附近河道。公司产生的废气主要为生产过程中产生的非甲烷总烃、少量铅及其化合物，由活性炭过滤网达标处理后，室外 15 m 高空排放。企业通过 ISO 14001 环境管理体系等手段对原料的运输、装卸、贮存、回收等环节进行有效管理。包装材料用量大，大部分返送持有资质的回收处理单位进行回收再利用，大幅降低了废包装材料的废弃量。2003 年欧盟发布 RoHS 指令，即在电气电子设备中限制使用某些有害物质，如汞、镉、铅、六价铬、聚溴联苯、聚溴二苯醚等。公司自 2004 年起，引进松下 RoHS 管理基准，在全公司范围进行 RoHS 普及教育，建立 RoHS 管理组织结构，明确管理责任，并加强对供应商管理，企业使用的原辅材料都能符合国际和国家的严格要求。

通过评估，认为高频变压器和电子镇流器车间废弃物量、原材料消耗量和耗电量均较大，且该部门具有较大清洁生产潜力，最终被审核小组确定为本轮审核的审核重点。另外，企业辅助设备如空调、照明的节电降耗也作为本轮审核的审核重点。公司清洁生产审核事务局深入宣传动员，积极发动群众征集各类节能降耗方案，经筛选，拟定了可实施的清洁生产方案 27 项，已全部实施。其中无/低费方案 23 项，在方案实施过程中投资 22.76 万元，创经济效益 80.98 万元/a。中/高费方案 4 项，共投资 44.86 万元，创经济效益 112.32 万元/a，该 4 项方案实施后，年节约电耗 60 416 kW·h，减少二氧化碳排放 44.71 t，减少锡渣产生 375 kg，节约焊锡条 1 621 kg，减少 24 人，个人单产量提高 3 倍，环境效益、经济效益和社会效益显著。

中高费方案：① 1 车间 10 匹空调 5 台改成 5 匹空调 10 台。原有空调年久老化耗电严重，购买 5 匹空调 10 台替换，节电效果显著。② 购入新的绕线机提高生产率。原有手动绕线机更换为自动绕线机，提高工作效率，降低了卷数比和包带圈数错误的不良率。③ 自制流水线。企业自行设计、装配高周波流水线，保证了流水线的质量，降低成本，提高了工作效率。④ 减少氧化量来降低焊锡条的使用量。在无铅焊锡机内插入导管，不断往无铅焊锡炉内充入高纯度氮气，通过降低无铅焊锡机炉内氮气含氧量的手段来减慢焊锡的氧化，从而达到减少焊锡条使用量的目的，同时也能减少锡渣的产生。

领导重视员工积极　清洁生产审核成效明显

——上海松下等离子显示器有限公司案例

上海松下等离子显示器有限公司是由日本松下电器产业株式会社、上海广电电子股份有限公司、上海工业投资（集团）有限公司和上海广电（集团）有限公司共同投资兴办的中日合资企业，成立于 2001 年 1 月，引进松下电器产业株式会社的生产线和技术，是以生产彩色等离子显示器为主业的技术、知识、资金密集型企业。公司先后通过了 ISO 9001 和 ISO 14000 认证。公司生产的 9 种型号的产品在 2007 年获得中标认证中心颁发的中国节能产品认证证书，并且在 2007 年还申请获得了中国环境标志（Ⅱ型）产品认证证书。

在松下电器集团的倡导下，上海松下等离子显示器有限公司主动提出开展清洁生产审核，得到了上海市环境科学研究院清洁生产中心的咨询专家帮助。此项工作自 2007 年 12 月启动，通过七个阶段的审核工作，于 2008 年 8 月完成。公司希望通过审核进一步查找节能减排的机会，提高自身清洁生产水平，同时完整地总结企业清洁生产做法和水平，为推动中国的清洁生产作出贡献。公司领导和全体员工非常重视这次审核，积极认真地来实施这轮清洁生产审核工作，如结合公司原有环境宣传制度，在全公司范围内，通过公司的 CB（节约管理费用）、CD（直接材料费用的降低）项目的开展、车间宣传栏、公司内部网等途径，对公司全体员工进行清洁生产背景知识的宣传，推广清洁生产审核的基本方法，从而将清洁生产理念融入公司文化中，不断改进生产。

本轮审核全面考察资源能源的使用、原料采购、生产控制、技术装备、管理培训、质量控制、污染排放、废物处置等状况，分析浪费产生的原因。

本轮审核较完整地总结了公司清洁生产做法。公司有较强的环保意识，成为公司管理理念之一。主要生产设备、测试设备均从日本松下公司购买引进，各项生产指标达到或接近国际先进水平。各工艺环节产生的污染物得到较合理的处置，排放符合我国法规。公司已建立完整的管理制度，较好地满足深入推行清洁生产的要求，如公司每个月针对不同设备制定维修保养计划，严格执行并予以总结评估，有效地保障了设备的正常运行；公司整个生产过程基本上均采用电脑监控系统进行控制，产品质量稳定；建立了 ISO 9001 和 ISO 14001 管理制度，每个部门根据自己的工作性质制定了相应的月报表，在每个月会议上向总经理汇报，得到及时处理；各部门生产记录比较完整，为企业管理提供科学依据；公司对电、水、蒸汽、气制定了全面的管理制度，并严格执行；公司实行 6S 管理，现场管理状况良好；公司制定了《提案改善制度》等清洁生产的激励机制，不间断地鼓励一线员工对生产过程和设备等方面提出改进意见和方案；公司制定了《员工培训管理办法》，激发员工学习新技术、新知识的热情；公司建立有《能源、资源管理程序》，严格对照明用电和设备用电进行管理等。

对公司生产工艺过程经过调查评估后，选取制造一科和制造二科作为审核重点，对这两部门纯水和金属银进行物料平衡计算，评价其物料转化效率情况，制定审核重点的清洁生产方案。

本轮清洁生产审核方案产生过程与企业正在实施的各车间合理化建议征集活动相互结合，共提出清洁生产方案 82 项，其中无/低费方案 78 项，中/高费方案 4 项。已实施的无/低费方案 78 项；无/低费方案的实施合计投资 56.96 万元，取得经济效益 1 163 万元/a 以上，并取得了很好的环境效益，包括节电超过 103.1 万 kW·h/a，节水 157 260 t/a 以上等。中/高费项目中 3 项已实施，这 3 项中/高费方案合计投资 1 197 万元，预期取得经济效益 846 万元/a 和显著的环境效益，包括节电 42.7 万 kW·h/a，回收银粉 4 461 kg/a 以上等。

中/高费项目（前 3 项在审核过程中已实现）：① 冷冻机并网改造方案。公司原有冷水机组 7 台，组成两个冷冻水系统，分别服务于两条生产系统，根据制冷量与功率关系曲线分析，冷水系统的组合不是太合理，能源浪费比较大。该方案将两个冷冻水系统并网，根据冷冻水需求共同调节冷冻机的使用，从而降低电能消耗。② 空压机智能化自动开机节能方案。公司配备有 4 台空气压缩机，能耗约占所有工业用电的 10%。公司在空压机厂商协助下，对空压机系统进行了连续 7 天的系统诊断，空压机厂商提出了 AirOptimizer 智能化开机优化系统改造方案，预计实现 18.3 万 kW·h/a 的节电效果，经济效益 11.2 万元。③ 新厂房使用节能灯具。公司新厂房扩建过程考虑安装松下 e-Hf 系列高效荧光灯代替普通荧光灯具，与 T8×3 电感镇流器灯具相比，照度及面积相同的条件下，节能 56%。④ 含银废物回收。增加银粉回收设备，将废浆料中的银粉通过固液分离方法进行回收，减少了废水中污染物组分含量，同时给企业带来经济效益。

依据企业实际情况　合理选择审核重点

——上海松下电工自动化控制有限公司案例

上海松下电工自动化控制有限公司位于浦东新区金桥出口加工区，是开发、设计、生产销售工业自动化控制系统产品和紫外线硬化装置及其零部件并提供相关技术服务的中日合资企业。公司自创立以来，多次获得上海市高新技术企业、上海市先进技术企业、全国外商投资双优企业等称号。公司 2000 年通过 ISO 9001：1996 认证，2003 年通过 ISO 9001：2000 换版认证，2001 年通过 ISO 14001：2000 认证，2007 年通过 ISO 14001：2004 换版认证。公司积极响应日本松下集团总部倡导，在集团 Cost Busters（节约成本）和 Clean Factory（清洁工厂）工作的基础上，主动开展清洁生产审核，2007 年 7 月开始，2008 年 2 月完成。

审核过程　公司成立以总经理为组长、副总经理为副组长的清洁生产审核事务局，由公司各主要部门派出专门人员组成，上海市绿色工业促进会清洁生产专家担任技术指导。公司运用"四个结合"的方法，推动清洁生产审核的开展：① 与环境宣传教育结合，组织有关人员进行清洁生产培训，利用宣传栏报道审核进展信息，宣传清洁生产知识。② 与推进 ISO 14001 结合、节约成本活动结合。③ 结合 CB 活动，发动员工提出合理化建议。④ 与应对欧盟 RoSH 指令的对策相结合。

本轮审核全面评估企业生产技术状况、布局、行政组织机构、工艺流程、主要设备。企业采用表面组装技术、回流焊技术、波峰焊技术及各种微机控制的在线测试和检测技术，主要设备从日本松下电工引进，部分由公司自行设计制造，技术工艺达到国际先进水平，企业已形成一支具有丰富专业知识的技术队伍。企业主要能耗为电耗，空调用电量占 36.07%，照明用电占 19.42%，两项占 55%以上，而生产用电约占 40%强，因设备先进能率水平高，削减潜力较小。分析公司的原材料和 2006 年、2007 年各月的质量目标统计数据，完成品检验合格率都保持在很高的水平上，废品率控制在千分之一以下。公司的废弃物主要为包装材料，分析各月包装箱返回再利用统计数据表明，采取了循环使用或返回供应商的做法，明显削减废弃物的产生量。生产中报废基板和零部件也是公司主要废弃物之一。欧盟 RoSH 指令要求，2006 年 7 月 1 日后，投放欧盟市场的电气、电子产品不得含有铅、汞、镉等 6 种有害物质，2007 年公司出口为 831 万元，需采取应对措施。

根据公司的实际情况，本轮清洁生产审核的重点是空调、照明能耗削减和应对欧盟 RoSH 指令的对策。确定本轮清洁生产审核目标为：2007 年，单位产值能耗下降 7.5%，废弃物总量下降 2%，化学品耗量下降 1%，2010 年，上述 3 项指标分别下降 10%、2%、1%。

收集 2005—2007 年各月电耗量、电耗和单位产值电耗量，分析高电耗的原因，是空调和照明的过度使用，如公司 10 组空调工作和加班时间全部开启；每个灯具有 3～4 个灯管，全公司灯管数量较大，耗电量较高；照明没有根据实际需要进行调整。

清洁生产方案　本轮清洁生产审核共提出 25 项清洁生产方案，经筛选，可行的方案 20 项，已实施 19 项，投入资金 264.306 万元，预期经济效益 236.646 万元，年节电 12 万 kW·h，达到了设定的清洁生产审核目标。主要的无/低费方案如下：① 部分产品改用小尺寸的气泡袋。② 中夜班关闭修理人员空调机，该岗位移到其他岗位。③ 四管照明灯改为新型的两管照明，照明效果不变。④ 安装空调节能器。⑤ 正常工作日空调由原来 10 组改为 5 组。⑥ 报废基板上的未损元器件再使用。高费方案 1 项：投资 255 万元，公司所有产品全面完成 RoSH 指令要求对策改造，原 10 类产品淘汰了 3 类，建立绿色采购链，添置无铅化波峰焊设备和铅、汞、镉等 6 种有害物质的 X 射线检测仪，在生产全过程中削减铅、汞、镉等 6 种有害物质。

以电镀生产线为重点　全面开展清洁生产审核

——上海希尔彩印制版有限公司案例

上海希尔彩印制版有限公司成立于 1992 年 12 月，系中外合资企业，1994 年 5 月正式投产。该公司是专业的凹印制版公司，主要经营塑料包装、家具木纹粘贴纸、转移印花、烟盒等版辊制作，拥有当今国际最为先进的制版设备，1994 年有两条生产线，目前扩展到十条生产线，年生产能力达 60 000 支版辊。公司历年来被评为上海市高新技术企业，于 2000 年 10 月通过 ISO 9002 国际质量认证，2000 年度被浦东新区评为员工最受欢迎企业。2007 年，公司被列为上海市电镀协会重点企业清洁生产审核试点之一，公司成立了以总经理为组长的清洁生产审核工作小组，邀请上海市绿色工业促进会和上海市电镀协会的清洁生产审核师指导审核。

审核过程中，企业组织清洁生产培训，运用宣传栏，及时报道有关清洁生产审核相关信息，介绍有关清洁生产基本知识。清洁生产审核小组会同公司工会，下发了清洁生产合理化建议表，向职工征集节约资源、提高效率的合理化建议，职工根据各自岗位生产特点，踊跃参与，提出了许多建议和意见。

清洁生产审核小组从生产用的原料以及辅配料的进场堆放料场、仓库，各生产工序的管理、质量控制，各工段生产过程，技术设备状况进行全面考察，收集大量原始记录、生产报表、环保排废等资料。从中找到影响生产连接器电镀过程的实际情况，摸清各种排污的原因。通过定性、定量分析，确定本轮清洁生产审核重点为电镀车间，并提出清洁生产审核目标。与此同时实施了一些明显的、简易的废物削减、改进环境以及节能措施。

该公司采用的是较先进的滚镀电镀法，使用的原材料为磷铜、铬酸和镍板，电镀液主要为硫酸溶液，采用循环控制方法，定期对溶液的浓度和金属离子进行分析，当浓度达不到工艺要求时随时进行调整，电镀槽采用的是封闭式管理。进行生产工艺与装备的清洁生产评价，其电镀工艺选择合理性、电镀装备节能要求、回用均属二级。公司的生产废水主要为电镀废水。产生的废气主要包括：废碱雾、铬酸废气，废碱雾收集后，经中和喷淋塔净化处理后，室外 15 m 高空排放，铬酸废气由网格式铬酸废气净化回收器进行治理，铬酸加以回收，废气净化处理后达标排放。公司的厂房、设备、管理和车间作业环境的通风条件比较好，固体废弃物分类收集，电镀缸脚、废水、污泥处理根据公司生产情况及时运送具有《上海市危险废物经营许可证》的单位外协处置。公司导入了 6S 现场管理体系，现场状况较好。

清洁生产审核小组对各类电镀生产线物料输入、输出情况的汇总分析，完成了全公司电镀生产线的金属平衡图，还对水耗、能耗进行全面分析，认为每平方米镀件工业新鲜水用量为 0.180 t 符合小于 0.3 t 的行业标准，但水重复利用率为 13.36%，小于 30% 的行业标准，存在水资源浪费情况；认为能耗、物耗、产生污染物的问题基本符合要求，因采用可控硅电源，相对最新的开关电源，电的利用率比较低，造成了电的浪费。

经过评审，提出无/低费方案和中/高费方案，最后筛选出可行方案 23 项，其中 18 项无/低费方案、5 项中/高费方案。实施无/低费方案 18 项，投入 8.8 万元，产生经济效益 116.49 万元/a。实施清洁生产中/高费方案 5 项，共投资 1 273 万元，节能、降耗（提高产品收益率）产生经济效益 1 628 万元。

中/高费方案　① 全部采用高效节能的高频开关电源。预计可以节约 20% 左右的电，投资约 30 万元。② 开发生产附加值高的产品。投资 1 200 万元，新建生产线，生产附加值高的产品，年增加经济效益 1 600 万元。③ 全部使用水冷空调。投资 20 万元，年可节约用电约 4 万元，还改善了生产作业环境，避免氟利昂使用。④ 加强管理。投资 13 万元，用于购买监控设备并与专业保安公司合作，杜绝盗窃事件的发生，每年可降低意外直接损失约 4 万元，而且可有效减少生产事故。⑤ 电镀生产线上安装铬雾分离器。投资 10 万元，回收铬酸，使工艺上产生的铬酸等废气得到很好的综合治理，废气稳定达标排放。

该公司在本轮重点企业清洁生产审核中，初步完成所设置的清洁生产目标。具体见下表：

清洁生产目标完成情况明细表

序号	项　目	实施前	目标值	实施后	削减率/%
1	水耗/（万 t/a）	1.56	1.4	1.38	11.5
2	电镀废水量/（万 t/a）	0.18	1.5	0.144	20
3	电耗/（万 kW·h/a）	180	150	144	20

通过本轮清洁生产，该公司每平方米镀件新鲜水耗从原来的 0.463 t 下降到了 0.352 t，达到清洁生产三级标准，公司准备在这方面再做努力，争取达到清洁生产二级标准。

公司通过审核健全了管理制度，建立了定期检修制度以及修订了原料消耗定额等规章，减少生产中跑、冒、滴、漏及物料流失等问题，提高了设备完好率、运转率，建立奖惩制度，运用行政管理制度和经济鼓励相结合的手段，增强员工的工作责任感，巩固清洁生产成果。

全面改进设备工艺　提高电镀生产线清洁生产水平

——上海东煦-首顾表面处理有限公司案例

　　上海东煦-首顾表面处理有限公司成立于 2000 年 6 月，为港资企业，拥有 12 个电镀机台，共计 28 条电镀生产线，对电脑、笔记本电脑、手机、汽车、数码相机等电子连接器进行电镀，电镀种类包含镀镍、镀金、无铅电镀，如镀锡铜等其他选择性局部电镀，客户面向国内外市场。2002 年 6 月通过了 ISO 9000 质量管理体系的认证，11 月通过了 ISO 14000 环境管理体系的认证，2006 年和 2007 年连续荣获上海优秀电镀企业。2007 年被列为上海市电镀协会清洁生产审核试点企业之一。本轮审核于 2007 年 5 月启动，12 月完成。公司成立了以总经理为组长的清洁生产工作小组，由市电镀协会清洁生产专家指导。公司召开清洁生产动员会，组织员工培训，发动员工查找工作中不符合清洁生产的情况，要求各部门针对不符合清洁生产的提出整改方案，对提出整改方案的员工及部门给予一定的奖励，对被采纳的方案则给予重奖。

　　清洁生产审核工作小组对企业生产工艺与装备进行清洁生产评价，企业电镀工艺选择合理性、电镀装备节能要求、回用等符合二级水平，有合理清洗方式，挂具有可靠的绝缘涂覆，有可靠的防范措施，生产作业地面及污水系统有防腐防渗措施。还分析了企业主要原辅料、物耗、能耗、产污、排污等状况。废水处理设施处理能力 300 t/d，采用了镍回收及纯水重复使用工艺，故废水处理量相对减少，正常生产情况下约处理 50 t/d。目前设施运行正常，每次处理都能够达标排放。废气主要是酸雾、废碱雾、含氰废气，收集后，经洗淋塔净化后排放，该装置运行正常。固体废弃物分类收集，废液、油水、滤芯和淤泥等送具有上海市危险废物经营许可证的单位外协处置。部分设备有跑、冒、滴、漏现象；部分电镀工艺中使用有毒有害物质氰化物，机台内员工佩戴防护用品意识较差；化验人员使用强酸，部分人员接触到有毒有害气体以及噪声，对员工身心健康也存在一定的危害。

清洁生产审核工作小组在全面评估的基础上，确定电镀生产线及能源节约作为本轮清洁生产工作的重点，并选择 5 号机电镀机台作为物料平衡的样机。从 6 月 1 日至 6 月 30 日期间对 5 号机电镀机台进行物料平衡的实测，并完成镍、铜平衡表，根据平衡表分析，镍的金属综合利用率为 95.17%，达到一级标准（95%）；铜的金属综合利用率为 93.88%，达到一级标准（85%）；每平方米镍镀件带出液污染物 0.09 g 小于 0.6 g（一级）要求；每平方米铜镀件带出液污染物 0.26 g 小于 1.0 g（一级）要求。以 5 号机为样机进行测试 6 月 1 日至 30 日用水，完成水平衡图，由此计算水重复利用率为 75.77%，每平方米电镀面积用水量为 308 kg，节水还有潜力。

本轮清洁生产共实施 19 项清洁生产方案，2008 年 5 月 30 日全部完成，总投资 704 万元，年收益 991.86 万元。其中：中/高费方案 3 项，投资 685 万元，创经济收益 888.83 万元；无/低费方案 16 项，投资 18.5 万元，创经济收益 103.03 万元。共节能（电）21.43 万 kW·h/a，节约金属镍 1 440 kg/a，节约用水 11 200 t/a，经济效益和环境效益十分明显。

中/高费方案：① 浸镀改为点镀。共投入 315 万元，使 6 台喷镀机台改为点镀，提高 30%的生产量，减少人员、降低成本、提高产品质量、减少排放。② 增加数控机台。投入 300 万元，制造了 11 号机，为数控机台，其稳定性高，可生产难度大的产品，降低了产品的不合格率。③ 采用高效节能的高频脉冲开关。原有的普通整流器，占地面积大，运行噪声大，设备保养费用高，恒流精度低。高频脉冲开关电源防腐性能好，恒压、恒流精度高，具有过压、过流、欠压、短路等自动保护功能，体积小、重量轻，可节电 10%～15%。

通过本轮清洁生产审核，该公司每平方米镀件新鲜水耗从原来的 0.321 t 下降到了 0.308 t，达到了三级标准，削减率为 4.05%，每平方米镀件能耗从原来 44.19 kW·h 下降到 39.95 kW·h，削减率为 9.59%。

对照行业清洁生产标准　全面审核电镀生产线

——上海莫仕连接器有限公司案例

　　上海莫仕连接器有限公司是一家美资独资企业，位于浦东新区外高桥保税区，主要从事电子联接器的生产制造业务，主要生产部门有注塑、冲压、电镀、装配。其中电镀部有电镀线 16 条，承担电子联接器镀镍、镀金、镀钯镍、镀锡业务。

　　审核过程　2006 年 6 月至 12 月，公司对电镀部开展清洁生产审核，公司成立了以运营总监为组长的清洁生产审核领导小组，以电镀经理为组长的清洁生产工作小组，其中一名来自组织的财务部门，由上海市电镀协会清洁生产专家进行指导。清洁生产工作小组所有成员接受了培训，对电镀部全部员工进行了宣传和培训，并动员员工提出低/无费方案。

　　本轮审核中对企业机构、主要设备、产品数量、原材料耗量、水耗量、电耗量、天然气耗量、废弃物排放量进行了评估分析，还对工艺流程、生产单元操作功能、电镀液浓度控制值和控制方法进行评估分析。企业环保设施比较完善，废水、废气排放符合国家要求，含镍、锡废水经沉淀池、中和池处理，电镀污泥经压榨机后，装塑料桶，由有资质的废物处理商回收处理，但生产线上风刀、鼓风机噪声较大，对职工有一定影响。通过评估认为：生产过程中使用了氰化物、氨基磺酸镍等有毒物质，需努力减少用量；企业采取比较先进的清洁生产工艺，如氨基磺酸镍镀镍、纯锡工艺镀锡、低氰工艺镀金、多级逆流漂洗工艺等；电镀生产全部采用可控硅整流器和高频电源开关，各镀槽后都安装了一定数量的回收槽；生产线都安装了废气收集设施，统一由处理站处理，有效控制环境污染；生产过程中，每天实验室对各种电镀液进行浓度分析，及时调整浓度，保证产品质量；电镀废水处理采用在线 pH 控制，每天对废水进行监测分析；企业已通过 ISO 14001、ISO 16949 等认证，管理制度比较完善；生产线员工由部门组织培训。

经过全面评估，本轮清洁生产审核重点确定为镀金生产工序和镀镍生产工序。确定镀金生产工序的主要原因是该工序成本占电镀成本的绝大部分。根据企业实际情况，本轮清洁生产审核的近期目标为单位面积金用量的现有水平减少 0.5%，远期目标为单位面积金用量的现有水平减少 0.8%。

分析了镀金工艺流程，对 1#、2#线镀金工序各镀金槽、回收槽浓度进行实测，建立物料平衡，金属金原料综合利用率为 98.02%，属行业先进水平。分析了镀镍工艺流程，对 1#、2#线镀镍工序各镀镍槽、回收槽浓度进行实测，建立物料平衡，金属镍原料综合利用率为 95%，每平方米镀镍带出液污染物产生指标为 0.096 1 g，达到国际先进水平。通过对电镀生产线各清洗部位排水情况进行实测，建立水平衡，水重复利用率为 53.24%，高于电镀行业标准（新鲜水用量为 0.24 t/m²），属于国内先进水平。

清洁生产方案　本轮清洁生产审核提出并实施低/无费方案 7 项，中高费方案 2 项，共投资 168.6 万元，年节电 14.85 万 kW·h、节省镍 264.38 kg、节约金 3.278 kg、纯水 5.5 万 t，每年取得经济效益 157.22 万元，达到了本轮清洁生产审核的近期目标。主要低/无费方案：① 根据生产线开机数量合理确定鼓风机开机数量。② 引进镍槽自动补水装置。③ 建立生产线快速维护小组，提高生产线维护水平。④ 增加外接移动槽，提高生产适应性。高/中费方案：① 75 320 镀金制具改造。制作专用制具，减少不必要镀金区域，节约金用量。② 回收水处理系统改造。增加一套 RO 膜处理系统，使用回收水制纯水。

改进设备加强管理　电镀生产线能耗下降明显

——上海纪元微科电子有限公司案例

上海纪元微科电子有限公司原名上海阿法泰克电子有限公司，系国家集成电路专项工程后封装项目（国家 908 重点工程），位于浦东新区张江高科技园区，建于 1995 年 6 月，主营集成电路封装与测试。公司先后通过 ISO 9000、ISO 14001、ISO 18001 的认证。公司曾多次被市科委、市外资委评为"高新技术企业""技术先进企业""产品出口企业"。2007 年 3 月至 2008 年 3 月，企业开展清洁生产审核。

审核过程　公司成立以总经理为组长的清洁生产审核领导小组和以人力资源与服务总监为组长的清洁生产审核工作小组，由绿色工业促进会清洁生产专家进行指导。公司对全体员工进行清洁生产知识培训，利用宣传栏宣传清洁生产有关信息和知识，并发动员工提出清洁生产方案。

本轮审核评估了企业工艺、设备、企业布局与机构，公司拥有从美国、德国、日本、瑞士等国引进的具有国际一流水平的封装、测试设备。还分析评估企业原材料、水、电、天然气耗量及主要废弃物排放量。依据电镀行业清洁生产工艺与装备审核技术要求对企业进行清洁生产评价：电镀工艺选择合理性达到一级，电镀装备节能要求达到二级，清洗方式达到二级，挂具有可靠的绝缘涂覆，回用达到三级，泄漏防范措施达到一级，生产作业地面及污水系统防腐防渗措施达到一级；公司现有电镀线工艺和设备均为封闭式全自动装置，达到国内先进水平，车间具有良好的排气通风设施，整体环境良好，防腐防渗措施到位，设备不存在跑、冒、滴、漏现象，已采取有效的节能节水装置；企业环保设施比较完善，生产废水自行处理，生活污水由物业污水处理站处理，均能达标排放，废酸雾收集后经碱液淋处理达标排放，固体废物委托有资质单位处置，产生噪声的设备有防噪隔振措施。评估认为企业废弃物管理、化学品管理和电镀液管理等有待提升，员工培训需要加强，提高责任性，以减少原辅材料和能源的浪费。

经过预评估，本轮清洁生产审核重点确定为电镀生产线及能源节约。根据企业实际情况，本轮清洁生产审核的目标为，单位产品电耗由现状 0.016 5 kW·h/块下降到 0.015 5 kW·h/块，削减率为 6.07%。

深入分析电镀生产线工艺流程、各操作单元的功能，对 MEC 001 和 MEC 002 生产线分别实测输入输出物流，建立物料平衡、水平衡。MEC 001 生产线镀层金属综合利用率为 91.03%，每平方米镀件带出液 2.36 g；MEC 002 生产线镀层金属综合利用率为 94.06%，每平方米镀件带出液 1.52 g，均达到国际先进水平。两条生产线水重复利用率分别为 61.87%、61.14%，每平方米镀件平均新鲜水用量为 0.095 3 t，也处于较高水平。

清洁生产方案　本轮清洁生产审核提出并实施 16 项清洁生产案，总投资 297.65 万元，经济效益 297.65 万元，年节电 143.247 万 kW·h，达到了本轮清洁生产审核的目标。低/无费方案 15 项，投资 27.86 万元，经济效益 205.79 万元，主要低/无费方案：① 一台循环卧式空调箱更换盘管，改工频运行为变频运行；② 两台水冷却泵改工频运行为变频运行；③ 铅锡电镀实现无铅工艺；④ 电镀车间安装托盘，减少泄漏；⑤ 危险废物实现定置管理，分类储存。中高费方案 1 项，空调系统改造，原为 4 台共 800 冷吨风冷冷冻机组，制冷效果较差，耗电高，维修成本较高，投资 202 万元，更换为两台共 800 冷吨水冷冷冻机组，预期经济效益 91.86 万元，年节电 135.082 万 kW·h。

认真开展清洁生产审核　节能降耗效果明显

——日月光半导体（上海）股份有限公司案例

　　日月光半导体（上海）股份有限公司原名为日月光半导体（上海）有限公司，系张江高科技园区 2001 年引进的台资项目，由我国台湾日月光集团投资建设，从事集成电路封装、测试和相关封装材料生产，属于 IT 高科技企业。公司在 2004 年 9 月通过 ISO 9002 认证，2005 年 10 月通过 ISO 14001 和 OSHAS 18001 认证，2006 年通过 ISO/TS 16949 认证。2007 年 4 月至 2008 年 3 月，企业开展清洁生产审核。

　　审核过程　公司成立以副总经理为组长的清洁生产审核领导小组和以厂务工程处主任为组长的清洁生产审核工作小组，由绿色工业促进会清洁生产专家进行指导。公司对员工进行清洁生产知识培训，派员工参加清洁生产内审员培训，利用宣传栏宣传清洁生产有关信息和知识，并结合工会活动，发动员工提出清洁生产方案。

　　本轮审核评估了企业工艺、设备、企业布局与组织机构，还分析评估企业和电镀部门的原材料、水、电、天然气、氮气耗量及主要废弃物排放量。依据电镀行业清洁生产工艺与装备审核技术要求对企业进行清洁生产评价：电镀工艺选择合理性达到一级，电镀装备节能要求达到二级，清洗方式达到二级，挂具有可靠的绝缘涂覆，回用达到三级，泄漏防范措施达到一级，生产作业地面及污水系统防腐防渗措施达到一级；公司现有电镀线工艺和设备均为封闭式全自动装置，达到国内先进水平，车间具有良好的排气通风设施，整体环境良好，防腐防渗措施到位，生产作业地面采用四底三布环氧树脂防腐地坪，整个设备安放在 10 mm 厚的进口 PP 材料制成的防腐托盘内，设备不存在跑、冒、滴、漏现象，已采取有效的节能节水装置；企业环保设施比较完善，含镍废水经混凝沉淀后，纳入混合电镀废水，含氰废水经过破氰处理后纳入混合电镀废水，经处理达标排放；生活污水经化粪池后，由厂内有机废水系统深入处理后，排入厂内总排放口；酸性废气、含氰废气、环境紧急排气，收集后经碱液淋处理达标排放；四台 4 t 锅炉以天然气为燃料；固体废物分类收集委托有资质单位处置；产生噪声的设备有防噪隔振措施。

经过预评估，认为公司电镀工艺和设备比较先进，自动化程度较高，车间环境和通风条件较好。因管理制度没有完全落实，尽管员工文化程度较高，责任性较强，仍存在原辅材料和能源的少量浪费；公司电镀工艺中使用氰化金钾，潜在环境风险较大；部分药槽放置区属酸性废气环境，对员工健康存在轻微影响。因电镀车间能耗较高，本轮清洁生产审核重点确定为电镀生产线。据企业实际情况，本轮清洁生产审核的目标为：全公司单位产品水耗、能耗、天然气耗分别下降 8.36%、7.07%、17.55%；电镀车间单位产品水耗、能耗、天然气耗分别下降 11.50%、9.18%、18.60%。

深入分析公司全部 6 条电镀生产线工艺流程、各操作单元的功能、排污节点，实测输入、输出物流，建立全公司电镀线镍平衡、铜平衡，分析认为，有色金属利用率较高。据 2009 年 3 月数据，建立全公司水平衡，公司循环用水率达到 30.98%，达到环保部门环评批复中循环用水率达到 30% 的要求，但仍有提高的潜力。进行了能源平衡分析，因使用技术先进的开关电源，电的利用率比较高，又因半导体车间要求恒温、恒湿，造成企业电耗较高。

清洁生产方案　本轮清洁生产审核提出并实施 19 项清洁生产方案，低/无费方案 13 项，高/中费方案 6 项，总投资 1 179.5 万元，年经济效益 862.92 万元，年节约金属盐 7.5 kg，铜原材料 2 t，镍原材料 100 kg，年减少废液排放 4 840 t，节水 4 843 t，年节电 28.8 万 kW·h，达到了本轮清洁生产审核的目标。

其中高/中费方案：①厂区照明全部更新为节能灯。②无机废水处理后的污泥含铜，加装烘干设备，委托回收。③车间末段水洗水回收。④电镀车间的中段水回收利用和纯水制备的浓水回收利用。⑤1#厂房冰机热回收。⑥2#厂房冰机热回收。

专业电镀企业清洁生产审核关注资源回收利用

——三井高科技（上海）有限公司案例

三井高科技（上海）有限公司位于浦东新区金桥出口加工区，是日本三井高科技股份公司 1996 年在华投资的独资企业，生产高精度集成电路引线框架和马达铁芯，为专业电镀企业。1999 年公司通过 ISO 9001 质量管理体系认证，同年又通过 ISO 14001 环境管理体系认证，2002 通过 QS 9000 质量管理体系认证，并于 2005 年转换为 TS 16949 质量管理体系。2006 年 6 月至 12 月，企业开展清洁生产审核。

审核过程　公司成立以总经理为组长的清洁生产审核领导小组和以 L/F 电镀制造课长为组长的清洁生产审核工作小组，由电镀协会清洁生产专家进行指导。对公司领导和电镀车间员工进行清洁生产知识培训，派员参加清洁生产内审员培训，利用宣传栏宣传清洁生产有关信息和知识，发动员工提出清洁生产方案。

本轮审核评估了企业产品、组织机构、镀银和镀钯生产线工艺流程，及主要工序的功能。公司引进日本三井高科技股份有限公司技术，采用模具冲压法生产 IC 引线框架的制造方法和模具内自动铆接成型的马达铁芯叠片生产系统（MAC 系统），成本低，精度高，处于国际先进水平。分析评估企业 2004—2006 年年产量、年产值、主要原材料耗量、水耗、电耗。分析评估企业 1999—2006 年单位产值能耗、水耗变化趋势，出现了稳定的下降趋势，还分析其间 L/F 和 M/C 回收率，出现稳定上升趋势。企业环保设施比较完善，含氰废水经过破氰处理后和酸碱废水混合，絮凝沉淀分离，废水中和后排放，污泥压榨后另行处理。监测数据表明，经处理后的废水能稳定达标。电镀生产线产生的有害废气经车间内小型废气处理塔处理后，统一汇总至公司屋顶的大型废气处理塔处理达标后排放。分析各工序产生废弃物的种类和近 3 年产生量。固体废物分类收集委托有资质单位处置。产生噪声的设备有防噪隔振措施。

根据本公司的现有实际情况，本轮清洁生产审核重点为水资源节约、可再生资源的循环利用，以及有害有毒物质的单位产品消耗量降低。公司水资源循环利用率在 22%左右，为了达到 30%的行业要求，短期目标是将水资源的循环利用率提高到 33%左右，计划 2007 年投资 300 万元左右，将水资源的循环利用率提高到 60%左右。公司原有金属镍的循环利用率为 50%左右，公司决定与理日申能公司合作投资一套在线回收设备，将镍的循环利用率提高到 98%以上。

深入分析公司电镀生产线工艺流程，实测输入、输出物流，建立电镀生产线铜平衡、镍平衡，铜金属的综合利用率为 91.51%、带出液为 0.333 g/m^2，镍金属综合利用率为 94.01%、带出液为 0.34 g/m^2。建立电镀生产线水平衡，循环用水率达到 32%，单位产品用水量为 0.150 t/m^2。与电镀行业标准比较，企业现状已达到一级水平，详见企业现状水平表（表1）。

表 1　企业现状水平表

序　号	项目名称	电镀行业标准	企业现状水平
1	铜利用率/%	80（一级）	91.51
2	镍利用率/%	92（一级）	94.01
3	水重复利用率/%	30	33
4	单位产品新鲜水用量/（t/m²）	0.3（一级）	0.150

清洁生产方案　本轮清洁生产审核提出并实施 7 项清洁生产方案，其中低/无费方案 5 项，投资 1.46 万元，经济效益 30.475 万元，节水 920 t，中/高费方案 2 项，投资 13.8 万元，预期经济效益 10.23 万元，节水 3.8 万 t，回收镍 900 kg，详见本企业清洁生产方案表（表2）。

表 2　企业清洁生产方案

序号	方案名称	投入/元	方案简介	经济效益	环境效益
无/低费方案					
1	RO 膜残渣水再利用	2 000	安装专门管道，将其用于夏季绿化用水	预计每年可节约1 800 元	预计每年可节约新鲜自来水 600 t
2	降低生活用水量	100	通过对员工进行节水宣传教育，并将洗手龙头的水流量从 900 mL/5s 调整到 500mL/5s	预计每年可节约900 元	预计每年可节约新鲜自来水 300 t
3	改善废气处理装置	2 000	在喷淋塔的液循环泵之后增加一个过滤装置，过滤液体杂质和结晶	可节约 2 000 元	减少废气处理塔的故障率，改善废气处理塔处理效果
4	减少浪费	500	将洗衣机纯水供应管道改造为自来水供应管道	预计每年可节约50元	每年预计可节约新鲜自来水 20 t
5	减少氰化物使用量	10 000	向顾客推荐公司镀钯产品	每年增加效益 30 万元以上	可达成集成电路无铅化目标
	总投资	14 600	总经济效益累计	30.475 0 万元	节约 920 t 新鲜水
中/高费方案					
1	含镍废水镍回收	20 000	投资在线含镍废水镍回收装置	每年可节约人工费11 880 元	预计每年可回收镍900 kg
2	RO 膜残渣水回用	11.8 万元	投资一套 6 t/h 的 RO 膜残渣水回用装置，将目前排放的RO 膜水再利用	每年可节约 90 478 元	每年可节约新鲜自来水 38 016 t
	总投资	13.8 万元	总经济效益累计	10.23 万元	年节约 38 016t 水，回收 900 kg 镍

化工企业清洁生产审核的节能减排潜力明显

——巴斯夫应用化工有限公司案例

　　巴斯夫应用化工有限公司位于长江与黄浦江交汇处，毗邻浦东外高桥港口，是巴斯夫亚太地区生产网络具有重要意义的生产基地之一，生产各种皮革与纺织助剂、金属络合染料、丙烯酸分散体、丙烯酸共聚物、耐火液压助剂和冷冻剂、皮革及工程塑料制品。公司还包括提供研发及技术应用服务的 7 个亚洲技术中心。公司成立于 1994 年，为合资企业，自 2000 年起成为巴斯夫全资生产企业。2000 年公司获得 ISO 14001 环境管理体系认证证书，2006 年经复评审核获得新证。公司主动提出开展清洁生产审核，由上海市环科院清洁生产中心承担技术支持，2008 年 4 月开始，11 月完成。

　　审核过程　公司成立以责任关怀管理体系与公用工程经理（企业环境管理者代表）为组长的清洁生产审核小组，由成本控制部门成员参加。公司领导层和审核小组参加清洁生产培训，并获得培训合格证书，利用公司原有的宣传工具，向员工宣传清洁生产理念和知识。

　　本轮审核分析评估公司产品、工艺流程、主要设备，公司工艺设备处于国际先进水平，产品在国内市场占重要地位。分析 2006 年、2007 年原材料种类和消耗数量，及 2007 年包装材料消耗情况，公司能源消耗包括电力、柴油、LPG、蒸汽，表明公司资源、能源消耗量较高，公司主要耗能设备为各系统水泵和氮气压缩机。分析了公司组织结构，公司建立了责任关怀管理体系，责任关怀管理体系与公用工程部门经理担任责任关怀管理体系管理者代表，具备相关的管理资源，为推行持续降低能耗、物耗提供资源保障和组织基础。公司采取的节能、节水的措施取得一定成效，如公司原有两台 20 t 锅炉供应蒸汽，2006 年改为外购外高桥热电厂蒸汽，年节约标准煤 2 209 t。2007 年单位产值能耗比上年下降 12%，比 2005 年下降 55%，超额完成公司自行设定的节能标准，分析公司 2005—2007 年各类产品的单位重量产品能耗，也出现明显下降趋势，说明公司清洁生产技术发展较快。

全面评估公司产污和排污现状。公司及厂区内紫苑印刷颜料（中国）有限公司、巴斯夫聚氨酯特种产品（中国）有限公司产生的生产废水和生活污水，都由公司废水处理车间集中处理，采用工艺为物化加好氧生物，设计处理能力为 9 000 t/d，处理后排入市政管道，最后进竹园第一污水处理厂。各车间产生的废气分别经喷淋吸收、布袋除尘等设施处理后排放。监测数据表明公司废水排放、各车间废气排放及噪声排放都达标，并有下降趋势。公司的危险废物管理按照环境管理体系有关文件进行，交由具有相应资质的企业进行处置，并进行跟踪，确保其资质和能力有效。公司对其他各类废弃物进行月度统计，也对利用处置单位进行跟踪，公司废弃物回收处置保持很高水平。分析公司 2003—2007 年各类废弃物排放数据，吨产品的废气排放量、温室气体排放量、废水排放量、固体废弃物排放量都出现明显下降趋势。

经过综合比选，因金属络合染料车间能源消耗量较高，废水排放量较多，涉及重金属铬的使用和排放，且车间投产日期较长，具有较大的清洁生产潜力，部门积极性高，确定为本轮清洁生产审核重点。本轮清洁生产近期目标定为削减能耗 1 000 t 标煤，减少需预处理的含铬废水 5 000 t/a，远期目标定为削减能耗 2 000 t 标煤，进一步减少含铬废水。

收集金属络合染料车间 2006 年、2007 年、2008 年上半年的电耗、工业水耗、自来水耗、蒸汽耗数据，建立能源-产值关系图（即 E-P 图），分析发现生产量较高，电耗增长不明显，表明办公活动和车间运行的固定消耗较大；各年度水耗趋势线比较接近，但存在一定量的固定消耗；2006 年和 2007 年蒸汽耗量与生产量成正比，2008 年数据出现异常，经查，蒸汽管道和疏水器老化所致，提出了相应的处理措施。车间对原料、中间产物和产品均有较完善的计量条件和统计数据，由此建立各反应釜的物料平衡，进而建立全车间的物料平衡，因废弃物无精确计量措施，采用经验估算数据。还建立铬平衡，铬成分除转化为产品外，还以废水、废气、污泥等形式损失，其中废水占总损失的 90.5%。对车间废弃物产生和水资源浪费的原因进行了全面分析，并提出相应的对策。

清洁生产方案　本轮清洁生产审核提出清洁生产方案 49 项，实施了 43 项，实现了设定的清洁生产目标。其中可行的无/低费方案实施了 41 项，投资 116.7 万元，取得经济效益 384.1 万元/a，节电 161.9 万 kW·h/a，节水 2.9 万 t/a，减少废水 7 065 t/a；可行的中/高费方案 3 项，实施了 2 项，投资 314 万元，获得经济效益 297 万元/a。已实现中/高费方案 2 项：一是燃烧炉空气加热器改造，回收部分余热，排出废气温度由 100℃下降到 70℃；二是水处理车间调换曝气膜，降低鼓风机电耗。计划实现中/高费方案 1 项，即金属络合染料车间全部疏水器改造，减少能源浪费。

认真组织清洁生产审核　努力为企业形象增光添彩

——上海贝尔阿尔卡特股份有限公司案例

　　上海贝尔阿尔卡特股份有限公司是外商投资股份制企业，前身为上海贝尔电话设备制造有限公司，1999 年更名为上海贝尔有限公司，2002 年上海贝尔有限公司与阿尔卡特在华主要业务部门合并为现公司。公司生产部分位于上海市浦东新区金桥出口加工区，公司部分研发团队在闸北区，阿尔卡特朗讯大学位于青浦区。公司集研发、制造、服务、培训等于一体，业务覆盖固定、移动、数据、智能光网络、网络应用、系统集成与服务、多媒体终端等。公司曾获得"上海市绿色照明节电示范点""上海市节水型示范企业"和浦东新区"诚信（绿色）等级企业"等称号。

　　审核过程　2008 年 3 月公司成立了以执行副总裁为组长的清洁生产审核领导小组和以客户满意与质量部总监为组长的清洁生产审核工作小组，7 月聘请绿色工业促进会清洁生产专家启动清洁生产审核工作，12 月完成。过程中，在全公司范围内广泛开展宣传活动，对公司各职能部门人员进行了清洁生产审核培训，组织员工参加"网上清洁生产知识竞赛"，结合工会活动，开展"节能减排，降本增效"网上节能减排合理化建议活动。

　　本轮审核分析公司生产和环保总体情况、布局和行政组织机构。认为公司生产设备先进，工艺一流，交换、宽带和移动产品等保持着市场领先地位。公司具有良好的环境理念和行为，提出把节约发展、清洁发展和创新发展视为企业提高参与全球化市场竞争能力的战略选择；提出以"创造资源、美誉全球"的企业精神和"设计制造零缺陷、工艺节拍零延误、市场服务零投诉、资源消耗零浪费、废物污物零排放"的企业追求；从产品的整个生命周期贯彻"绿色设计、绿色制造、绿色采购、绿色经营、绿色服务"的清洁生产思路，不断开发清洁生产工艺和产品，在行业中率先开展了 RoHS 管理、冰蓄冷节能、废旧产品回收利用和风热能转换等清洁生产项目。企业布局较合理，如生产、生活环境互不干扰、互不影响。

分析评估公司工艺流程、各工序功能、主要生产设备、公司三年来主要产品的年产量和产值、原辅材料及污染物排放情况，和 2007 年公司的电、天然气、水、蒸汽总耗量，及各用电单元耗电比例。

对公司的产污排污进行了评估分析。1996 年引进荷兰 Home 公司设计处理能力为 1 080 t/d 的物化处理设施，处理电镀废水和粉喷废水，2001 年引入设计处理量为 1 500 t/d 的二级生化处理设施，处理来自物化处理后的工业废水和生活污水。2004 年印制线路板生产线业务转让出去，废水量、水污染物排放量都明显降低，不再含有第一类污染物，部分设施闲置待处理，保留部分收集槽、反应槽、压滤设备、斜板沉淀等设备，用于处理 90 t/d 磷化废水，处理后进入公司二级生化处理系统处理后排入市政管道。废气主要为波峰焊及表面贴装过程中产生的铅、锡及其化合物，氩弧焊过程中产生的颗粒物，经风管收集，活性炭吸附过滤达标后在室外 15 m 高空排放。排风机、水泵、空压机等公配设施采用低噪声设备，并采取相应减振降噪措施。几年来，废水、废气、噪声都能达标排放。公司产生的固体废弃物分类收集，选择规范单位回收利用或处置，其中危险废物送有《上海市危险废物经营许可证》的单位处置。

经过全面预评估，确定本轮清洁生产审核的重点为生产部门的节能和减少废气排放。清洁生产目标见下表。

清洁生产目标表

序号	项目	实施前状况	2008 年	
			目标值	削减率/%
1	能耗/（t/万元）*	0.008	0.006	20
2	水耗/（t/万元）	0.315	0.252	20
3	COD/（kg/万元）	0.007 2	0.004	45
4	减少危废排放/（kg/万元）	0.136	0.12	10

* 能耗指标以 t 标准煤计。

分析产生废气的主要工序的工艺流程、空压系统设备和运行情况。统计 PBA 的 SMT 生产线/PCM 输入、输出物料情况，建立物料平衡表，对 PCM/PBA 物料输入、输出情况的汇总，建立相应的 PCM/PBA 物料平衡。PBA 具有世界一流水平的生产线，全封闭充氮波峰焊炉和在线测试仪、全程在线过程控制和制造电子化系统 MES 系统的组合管理，确保设备无跑、冒、滴、漏情况，实现制造过程能耗和污染物最小化，污染物排放中有害物质最小化。PBA 装配生产过程的元器件利用率达到 98.71%，光板利用率达到 99.95%，PCM 机架制造钢材利用率 78.9%，为国际先进水平。建立公司三部分的水平衡，认为公司采用多种节水措施和设备效果明显，如使用节水型冷却塔、先进的中水回收利用系统等，公司的万元产值水耗仅仅为 0.220 t。

分析公司电耗情况，认为公司不断吸收国内外新的节能技术，对各类用电消耗大的设备进行改造，冷冻机控制系统升级，采用节能型灯具，整个供水系统都采用变频式增压水泵。引进世界一流水平的表面贴装生产线和数控加工设备，实现了低能耗的管理理念。

清洁生产方案 本轮审核共实施 29 项清洁生产方案，总投资 4 977.22 万元。其中：中/高费方案 7 项，投资 4 902.7 万元，预期年经济效益 20 248 万元；无/低费方案 22 项，投资 74.52 万元，年经济效益 139.4 万元。环境效益明显，共节电 198.04 万 kW·h；从源头控制共节省各种板料 3.8 t，提高包装材料的重复使用率，节省了材料费用，提高了原材料的成品率，有效控制了有害气体的排放，全面达到了设定的清洁生产目标。

其中中/高费方案：① 空压系统改造。通过增加一台新的干燥器与原有设备并联，利用现成的冷冻水资源达到干燥效果。② 废气系统改造。通过分别安装废气净化系统，进一步减少大气污染物排放。③ 6 号楼公共道路采用照明-风光互补绿色能源系统。④ 增设冰蓄冷空调系统进一步节能。⑤ S12 系统优化。为客户延长设备使用寿命，节能，减少废物排放。⑥ 流媒体服务器优化为客户节电。⑦ 移动基站优化。为客户节约成本、节电、减少机房面积。

家用电器制造企业清洁生产审核的成功案例

——上海夏普电器有限公司案例

　　上海夏普电器有限公司位于浦东新区金桥出口加工区，是由上海广电（集团）公司、上海广电股份有限公司、日本夏普株式会社、日本三菱商务株式会社、夏普电子技术公司（夏普美国销售公司）共同投资组建的一家中日合资企业，主要从事生产制造、销售 SHARP 品牌的空调、冰箱、洗衣机、微波炉、电饭煲、吸尘器、空气净化器等七大类家用电器。1994年建厂，生产空调的第一生产厂投产，生产冰箱、洗衣机等产品的第二生产厂于 1998 年投产。公司已通过 ISO 14001 和 ISO 9001 认证，并获得上海市高新技术企业、上海市先进技术企业等称号。2001—2006 年公司冰箱、洗衣机、空调分别获得节能产品认证。2006 年公司获得夏普集团 2005年度绿色工厂认证，2007 年获得浦东新区绿色企业称号。本轮清洁生产审核 2007 年 9 月开始，2008 年 2 月结束。

　　审核过程　公司成立以党委书记为组长、各有关部门负责人组成的清洁生产审核领导小组和以公司商信中心课长为组长、各有关部门技术骨干组成的清洁生产审核工作小组，上海市环科院清洁生产中心专家担任技术指导。公司要求依托已有的环境管理体系的组织机构开展清洁生产审核，总结和验证历年与清洁生产有关方案实施情况和效果，结合环境管理体系目标指标及方案、TQC 以及夏普 R-CATS 活动提出清洁生产方案。1998 年公司结合 TQC 活动和 ISO 14001 认证开始推行清洁生产，2004 年派出 20 名员工参加市环科院清洁生产中心组织的清洁生产审核培训，2005 年又派员工参加有关清洁生产内审员培训，同年公司在内部广泛地开展清洁生产宣传和教育活动。2007 年 10 月公司组织员工开展清洁生产知识竞赛。

本轮审核中对企业生产技术、产品、布局、组织机构、工艺流程、主要设备、产品种类和数量、原材料耗量，和水、电、天然气耗量，及废弃物排放量进行了评估分析。分析 2001—2007 年冰箱、洗衣机、空调产品单耗，基本呈下降趋势，洗衣机下降幅度最大，说明多年企业推行清洁生产取得成效。分析冰箱、洗衣机、空调产品生产系统产量和各类能源耗量及综合能耗。分析公司各类能耗的比例，其中电能占 84.37%、天然气占 9.63%、热力占 5.78%。主要耗能设备为真空成型机和 PCM-SS 涂装设备。

企业环保设施比较完善，监测数据表明，废水、废气、噪声排放符合国家要求。生产废水主要来自涂装生产线，两个厂各建有废水处理站进行处理。废气排放主要来自烘箱、涂装工艺的粉尘、氨、一氧化碳等。公司 ISO 14001 环境管理体系运行正常，2006 年公司通过 ISO 14001：2004 认证，其组织机构满足推行清洁生产的需要。公司 QC 小组活动组织体系完整，建立激励机制，活动内容丰富，卓有成效，实践证明也是推行清洁生产的有效平台。

通过比选，因冰箱生产线污染物排放量较大、能耗较高、具有较大的清洁生产潜力，部门积极性高，确定为本轮清洁生产审核重点。确定本轮审核的近期目标：节电 2%，降低电耗 65 万 kW·h/a，远期目标：节电 5%，降低电耗 162 万 kW·h/a。

重点分析了冰箱生产线工艺流程、涂装工艺流程、涂装废水处理流程、各操作单元功能，建立涂装前处理脱脂剂物料平衡。涂装车间缺乏完善的水计量系统，部分数据依据经验估算。对冰箱车间节能减排进行全面分析，认为老化室的空调系统存在节能潜力，ABS 粉碎室容积太小，造成粉尘污染，废塑料树脂可回收再利用，有可能进一步减少发泡原料的损耗。对冰箱生产线各工序废弃物产生原因和改进措施进行了全面分析。

清洁生产方案　本轮清洁生产审核提出清洁生产方案 46 项，低/无费方案 43 项，中/高费方案 3 项。低/无费方案实施后，预期经济效益 1 240 万元，年节电 4.8 万 kW·h，节约氮气 3.5 万 m^3，节水 7.1 万 t，减少工业废水排放 7 t，减少工业废物 12 t，节省塑料树脂 180 t。中/高费方案投资 160.5 万元，预期经济效益 79.5 万元，有效地降低能源费用，采用天然气代替 350 万 kW·h/a 的电耗。达到了设定的清洁生产近期目标。中/高费方案：① 降低水切干燥炉能耗。拆除电加热棒，安装液化气燃烧机装备，拆除隔热保护层，填入高效隔热层。② 冰箱老化室空调系统变频改造。③ 洗衣机车间中央空调系统节能改造。

清洁生产审核促进企业环境管理水平的提高

——上海夏普模具工业控制系统有限公司案例

上海夏普模具工业控制系统有限公司位于浦东新区金桥出口加工区，成立于 1997 年，是以制造大型注塑模具为主的日本独资生产企业。2004 年公司通过 ISO 9001 和 ISO 14001 的认证，并正常实施年度监督审核。2006 年被评为夏普集团的"绿色工厂"和浦东新区的"绿色企业"。本轮清洁生产审核 2007 年 8 月开始，2008 年 2 月完成。公司希望通过清洁生产审核，进一步强化环境管理，健全环境责任区的"环境责任制考核"工作。

审核过程　审核过程中公司在 ISO 14001 环境管理体系组织机构的基础上，成立以管理部部长为组长的清洁生产审核领导小组和总务科长为组长的工作小组，上海市环科院清洁生产中心专家担任技术指导。公司内部广泛开展清洁生产知识培训和宣传，并结合 R-CATS 活动，广泛开展清洁生产相关的合理化建议和提案工作。

本轮审核分析了企业生产技术情况、布局、组织机构、主要产品的工艺流程、主要设备、产品种类、数量及运输包装方式、主要原材料种类和耗量、能源消耗情况。公司以生产专业液晶、汽车、一般工业模具等产品为主，企业生产过程中不使用有毒有害物质，主要能耗设备为空调系统、压缩机、机床等，中央空调风机的功率最大，为 97 kW，其次为空调暖风设备和压缩机，且运行时间较长。

2006 年公司作为夏普系统的隶属单位，参与了由夏普环境本部创建的"争当绿色工厂"活动，相继开展了节能降耗、资源再利用和 R-CATS 等各类活动，根据夏普"绿色工厂"每年废弃物下降 2%的要求，公司按照生产工艺流程对各环节所产生的废弃物情况进行统计、分析，绘制了"环境因素产生源示意图""环境、安全责任区管理图""废弃物管理规定"，挖掘废弃物综合利用的潜力，"节能降耗"取得了成效，环境体系管理工作进一步完善，圆满地完成了"绿色工厂"活动设定的目标。分析 2007 年公司能耗、水耗数据，均达到设定的节能、节水目标。

公司属于轻污染企业，无生产废水产生，生活污水产生量为 37 t/d，经厂内处理达标后排入市政管网，处理站采用 A/O 两级生化工艺处理污水。公司生产过程中不排放大气污染物。固体废物主要为废乳化液、废油、废切削液及废金属屑等，危险废物经统一收集后由有资质单位处置。公司噪声排放达标。

根据公司能源消耗实际情况，因生产制造过程中能源物耗较高，确定为本轮清洁生产审核重点。确定本轮审核的近期目标为：降低电耗 10 万 kW·h/a，提高冷却液回用量，减少废弃量，提高利用率。远期目标为：降低电耗 11 万 kW·h/a。

分析公司工艺流程，根据公司原辅材料使用记录、废弃物统计数据及生产运行经验，建立冷却液物料平衡，对生产过程产生不良品及效率低下的原因进行全面分析，提出加强管理、进行改善的措施。

清洁生产方案　本轮清洁生产审核提出和实施清洁生产方案 14 项，其中低/无费方案 10 项，中/高费方案 4 项，投资 131 万元，预期经济效益 164 万元，年节电 11.86 万 kW·h，节水 10 t，节油 1 t，节约蒸汽 868.5 t/a，减少废乳化液等排放 1.9 t，万元销售额能耗下降 38%，达到了设定的清洁生产近期目标。通过清洁生产审核，企业进一步完善环境管理体系，使各项管理制度更加细致，更具有操作性。中/高费方案：① 生产区照明节能方案。照明灯为金属卤灯全部改成节能灯。② 空调使用节能方案。原办公区域采用蒸汽取暖，因管道长，热量损失较多，办公区域增加分体空调，减少能源损耗。③ 冷却液冷却改为油脂喷雾方案。购置安装 9 套 MQL 设备，在保证冷却功能前提下，节省了冷却液换槽及添加费用、工业用纯水换槽及添加、消泡除菌剂等费用。④ 冷却液再生利用方案。购置安装精密滤油过滤装置，减少主轴油使用量和主轴过滤器更换频率、其他冷却液消耗量、抗磨液压油更换和补充量等。

先进的药物制剂生产企业清洁生产审核的成功案例

——上海旭东海普药业有限公司案例

　　上海旭东海普药业有限公司成立于 1993 年，系海普药厂与台湾东洋国际股份有限公司合资建立的制药企业，拥有两座符合国家药物监督管理局 GPM 标准并通过 ISO 14001 认证的专业化制药工厂，一座位于浦东新区金桥出口加工区，一座位于嘉定徐行工业区。目前，主要生产注射剂、片剂、胶囊剂、混悬剂、口服溶液制剂等五大剂型，90 多个品种，100 多种规格，产品类型有抗感染类药、心血管类药、消化系统类药、神经系统类药等十几大类。公司多次获得上海市高新技术企业、上海市优秀工业企业等称号。本轮清洁生产审核于 2007 年 8 月开始，2008 年 10 月结束。

　　审核过程　公司成立以总工（企业环境管理体系管理者代表）为组长、各有关部门技术骨干组成的清洁生产审核小组，上海市环科院清洁生产中心专家担任技术指导。本轮审核依托已有的环境管理体系的组织机构开展，总结和验证历年与清洁生产有关方案实施情况和效果，结合环境管理体系目标指标及方案、合理化建议活动提出清洁生产方案。配合审核进程，公司开展各种清洁生产宣传和教育活动。

　　本轮审核分析了企业生产技术情况、产品、布局、组织机构、主要产品的工艺流程、主要设备、产品种类和数量、主要原材料种类和耗量。公司自合资以来，大量引进国际先进技术和设备，如德国 B+S 全自动高速洗、烘、灌封联动线，及自动水处理设备、全自动包装机等，建立一整套严格完整的生产管理、质量控制、质量保证体系。分析公司历年水、电、天然气、柴油耗量的统计数据，水耗量较大，历年能耗、水耗比较稳定，电力和蒸汽是主要能源种类，主要耗能设备为空压机、冷冻机、空调箱。根据公司 2006—2008 年月度产量与能资源消耗量统计数据，分别对电力与蒸汽建立 E-P 图，据图分析，公司能耗与产量的线性关系不明显，特别是电力消耗，形成趋势线成反比例关系，且能耗与产量关系的相对离散度很高，其原因是为满足生产需要，空调等动力设备要求均匀开启，能耗基本不随产量变化而变化。各年度电能与蒸汽耗量随月份变化趋势比较一致，夏季是电耗高峰，电耗的波动主要受空调使用影响，降低空调电耗是企业节能的重要途径。蒸汽耗量随月份变化很小，近年消耗量略有上升趋势，应重点考虑节约蒸汽的措施。

企业环保设施比较完善，监测数据表明，废水、废气、噪声排放符合国家要求。公司废水来源包括生产废水、纯化水制备浓水、动物饲养污水、生活污水，产生量每天 30 t，公司自行处理，治理设施为 PAC-SBR 生化处理反应塔，处理后排入市政管道。公司生产不产生工艺废气。公司将噪声委托监测频次改为动态管理，在公司噪声设备发生变更情况下进行监测。公司对废物具备较完善的管理措施。经分析，认为公司 ISO 14001 环境管理体系为推行清洁生产提供完备的组织机构和工作网络。

通过比选，公司用能系统的水耗、电耗、蒸汽耗较高，相应环节具有较大的清洁生产潜力，且部门积极性较高，被确定为本轮清洁生产审核重点。确定本轮审核的近期目标：蒸汽消耗削减 3%，降低蒸汽耗量 200 t/a，节电 2%，降低电耗 7 万 kW·h/a，远期目标：蒸汽消耗削减 5%，降低蒸汽耗量 300 t/a，节电 5%，降低电耗 15 万 kW·h/a。

全面分析公司各种用途的水量和回用水的情况，经统计数据和现场测量，建立全公司水平衡，企业综合水量重复利用率达到了 96% 的较好水平。对公司废弃物产生原因、水资源消耗和浪费原因、电能消耗和浪费原因进行全面分析，提出加强管理、进行改善的措施。

清洁生产方案　本轮清洁生产审核提出和实施清洁生产方案 13 项，其中低/无费方案 11 项，中/高费方案 2 项，总投资 240.6 万元。预期经济效益 64.6 万元，年节电 10.8 万 kW·h，节水 1.15 万 t，节约蒸汽 220 t/a，减少塑料包装材料消耗 5 t/a，相应减少污染物排放，达到了设定的清洁生产近期目标。其中中高费方案项目：① 注射用水制备系统改造项目。新型的蒸馏水机提高了蒸汽利用效率，减少蒸汽和冷却水的耗量。② 注射剂包装线改造项目。选用 4 条新型的专利包装生产线代替原有包装生产线，采用以再生纸为原料的纸板生产一体化的防震缓冲填托，代替了塑料使用，也提高了生产效率。

先进的机械生产企业清洁生产审核的成功案例

——上海烟草机械有限责任公司案例

　　上海烟草机械有限责任公司总部位于浦东新区金桥出口工业加工区，原为建于 1952 年的上海烟草工业机械厂，前身为建于 1902 年的英美颐中烟草公司浦东烟厂。公司系烟草专卖局直属企业，1999 年成为中国烟草机械集团公司核心企业，2002 年改制为上海烟草机械有限责任公司。公司是我国第一家烟草机械专业生产厂，也是我国机械行业的重点骨干企业。近几年经过大规模的技术改造，企业形成制造、调试、服务完整的企业生产经营管理体系，成为一家具有生产国际先进水平卷烟包装机械能力的现代企业。本轮清洁生产审核 2007 年 9 月开始，2008 年 2 月完成。

　　审核过程　公司在 ISO 14001 环境管理体系组织机构的基础上，成立以副总经理为组长的清洁生产审核领导小组和管理部长为组长的工作小组，上海市环科院清洁生产中心专家担任技术指导。公司内部广泛开展清洁生产知识培训和宣传，并结合公司 QC 改善活动，开展清洁生产相关的合理化建议和提案工作。

　　本轮审核分析了企业生产技术情况、布局、组织机构、热处理、金工、装配车间的工艺流程、主要设备功能和功率、产品种类、数量及运输包装方式、主要原材料种类和耗量，2006 年及 2007 年能源消耗情况。企业主要生产活动为机械加工，生产过程中使用原辅材料不含有毒有害物质。企业主要耗能设备为机械加工设备，包括车床、铣床、钻床、镗床、磨床等设备，以及热处理设备。公司属于轻污染企业，有完善治理设施，生产废水、生活污水收集后自行处理后排入市政管道，生产废水包括精加工废水、热处理废水、冷却液废水等，采用 PE 气浮物化废水处理设施，生活污水采用地埋式接触氧化处理设施。工业废气含有少量氯化氢、氮氧化物，收集后集中排放。监测数据表明废水、废气、噪声排放达标。固体废物主要为废乳化液、废油、废切削液及废金属屑等，危险废物经统一收集后由有资质的单位处置，其中可再生废物进行再生利用。

根据公司实际情况及对节能的关注，同时节能有较大的潜力，因此确定节能为本轮清洁生产审核重点。确定本轮审核的近期目标为万元产值能耗下降 10%，远期目标为万元产值能耗下降 15%。

根据统计数据和实测，建立公司水平水平衡，公司日均新水量 352.4 t，以生活用水为主，车间生活用水为 45.3 t/d，厂区生活用水 258 t/d，两者占全部新水量的 85.7%，人均日生活用水量达 234.1 L，有节约余地。因设备间接冷却水和空调系统工艺水循环利用，以及厂区景观水循环利用，循环水量达 2 212.6 t/d，企业综合水量重复利用率达到 86.3%，冷却水循环率平均达到 98.9%，都处于较好水平。生产用水主要为热处理车间淬火工序的工艺直冷用水，需进行节水技术改造可行性研究。对企业用电情况进行测试，包括企业供电合理化分析、电能转换为机械能合理化分析，对公司热平衡进行测试，包括蒸汽测试和热处理车间测试，提出了一系列节电、节约蒸汽的措施。2005 年上海市节能服务中心对公司压缩空气系统进行了全面测试评估，也认为该系统具有一定的节能潜力。对公司废弃物产生及生产中低效率原因进行全面分析，提出加强管理、进行改善的措施。

清洁生产方案 本轮清洁生产审核提出和实施清洁生产方案 13 项，其中低/无费方案 10 项，中/高费方案 3 项，投资 141.2 万元，预期经济效益 43.5 万元，万元产值耗电量下降 17.5%，远大于设定的清洁生产近期目标，万元产值耗水量下降 24.86%，万元产值蒸汽消耗量下降 40.41%。中/高费方案：① 空压机节能改造方案。增加一台 6 m³ 分空压机，夜间无生产则停止 GA55 空压机使用，增加系统储气能力，改工频运行为变频运行。② 极化冷冻机机油节能添加剂节能方案。该节能添加剂为美国高科技产品，国内使用效果较好。③ 安装太阳能方案。安装太阳能设备供浴室、大楼洗手池使用。

清洁生产审核给专业电镀企业带来环境与经济效益

——上海金杨金属表面处理有限公司案例

上海金杨金属表面处理有限公司创建于 1992 年的中外合资企业，于 2003 年底搬迁到位于上海浦东国家级开发区内的新址。该公司是中国主要的电池及零配件的制造商及出口商之一。本轮清洁生产审核 2006 年 6 月开始，2006 年 12 月完成。

审核过程 公司成立以总经理为组长、副总经理为副组长的清洁生产审核小组，上海市电镀协会清洁生产专家担任技术指导。公司部分人员参加上海市电镀协会组织的清洁生产审核员培训，并在内部广泛开展清洁生产知识培训和宣传，广泛开展无/低费清洁生产方案征集工作。

本轮审核分析了企业生产技术情况、组织结构、2005 年和 2006 年产品、原材料和能源消耗情况。公司所有的原材料进入都经过严格的质量检验，使用的能源都是清洁能源，包括水、电、蒸汽，采用的工艺比较适合该公司生产现状，拥有多名长期从事电镀的技术人员，对员工不定期举行培训，来提高员工的操作技能，生产线全部实现自动化，设有专门的设备维护保养人员，对设备进行 24 小时不间断的巡查，建有完善的管理制度，每个岗位都有作业指导书。企业搬迁到新厂房后，淘汰可控硅整流器，改用高频开关电源，节省了 20%的用电量。

分析公司环境保护情况，有完善处理设施，做到达标排放。生产产生的酸碱废水、含镍废水自行处理，采用中和、沉淀分离工艺。工艺废气有电镀产生的废气、前处理过程中的碱性水蒸气、滚桶从酸洗槽中出槽时带出的酸产生挥发性的酸性气体，经废气处理塔处理后排放。噪声主要有：机械噪声、甩水机工作时发出的噪声和下料时工件相互碰撞的噪声。电镀

车间产生污泥，委托有资质的单位处理，可以回收再利用的废物，进行再
利用。生产过程中使用纸质的周转箱，由于纸质的周转箱容易破损，循环
使用率较低，寿命也较短，产生较多的纸箱固体废弃物。

　　根据该公司的现有实际情况，确定本轮清洁生产的审核重点为电镀车
间，并确定清洁生产目标（见表 1）。

表 1　清洁生产目标表

名　　称	近期目标	远期目标
改变滚桶的转速，改善镀层的均匀性提高产品合格率	产品不良率控制在 15‰以内	产品不良率控制在 10‰以内

　　重点分析电镀车间镀镍工艺流程图、各单元功能说明，分析废弃物产
生原因，建立镍的平衡图，计算镍的利用率为 92.557%。建立电镀车间水
的平衡图，水的重复利用率为 32%，单位面积污染物带出量为 0.213 4 g/m^2，
单位面积新鲜用水量为 0.06 t/m^2，对电镀车间清洁生产水平进行评估（见
表 2），表明处于较高水平。

表 2　企业清洁生产水平评估

序号	项目名称	电镀行业标准	该公司水平
1	镍的利用率/%	≥92（二级）	92.557
2	水重复利用率/%	≥30	32
3	单位面积新鲜水用量/（t/m^2）	≤0.1（一级）	0.06
4	单位面积镀镍污染物产生指标/（g/m^2）	≤0.3（一级）	0.213 4

　　清洁生产方案　本轮清洁生产审核，提出并实施清洁生产无/低费方案
7 项，中/高费方案 2 项，共 9 项；共投资 52.55 万元，每年取得收益在 64.87
万元，每年节约蒸汽 1 080 t；年减少废水排放 5 550 t。年减少镍用量 315 kg，
同时减少国家一类排放物镍离子排放；年节约纸箱 7.2 万个，达到了清洁
生产设定目标。中/高费方案：① 采用可循环利用的包装，用塑料箱代替
纸板箱。② 对所有的滚桶装了传动检测系统，当滚桶不转动时，自动停
止供电，保护工件，采取改变滚桶的转速，改善镀层的均匀性提高产品合
格率，提高了一个百分点，产品不良率控制在 15‰以内。

先进的包装企业清洁生产审核的成功案例

——上海联合包装装潢有限公司案例

上海联合包装装潢有限公司位于上海金桥出口加工区，建厂时间为1995年11月1日，主要投资方为上海包装造纸（集团）有限公司和联合株式会社，经营范围为生产外销和内销商品用的瓦楞纸箱、斜管纸管及纸品包装产品、产品印刷和普通商标印刷。公司于1999年通过ISO 9002质量管理体系认证，2001年通过ISO 14001环境管理体系认证，2002年通过ISO 9001质量管理体系改版认证，2003年通过OHSAS 18001职业健康安全管理体系认证。公司主要经济指标处于国内同行领先水平，先后获得"上海市先进企业""上海包装企业50强"和"全国先进包装企业"的荣誉称号，2001—2006年连续三届被评为上海市文明单位。本轮清洁生产审核于2007年8月启动，2008年4月结束。

审核过程　公司成立以总经理为组长的清洁生产审核领导小组和由环境管理体系管理者代表为组长、各部门内审员参与的清洁生产审核工作小组，上海市环境科学研究院的清洁生产审核专家给予技术支持。公司管理层及主要参与人员，接受了清洁生产审核培训，结合公司原有环境宣传制度，通过"合理化提案制度"、宣传栏、公司内部网等途径，发动员工参与清洁生产审核工作。

本轮审核全面分析了公司生产、技术、管理情况，布局、组织机构、工艺流程等情况。公司采用先进的工艺技术，主要生产设备均为国外进口的先进设备，并且通过严格的质量体系保障产品质量，根据客户的要求不断进行产品的研发，为客户制定降低成本方案或质量改善方案。公司获得环境管理体系认证后，持续开展环境意识培训、环保法律法规培训，并不断在生产活动中开展节能降耗、合理化建议活动，大力推行清洁生产，定期设立环境目标指标及管理方案，持续改进环境绩效。使用的原料主要为原纸，辅料为水性油墨和淀粉，均为环保型物质。目前，公司的原辅材料基本为国产化，还积极开发适合本企业生产所需的原材料产品。原辅料管理规范，严格按照定单进行采购，控制库存量，实行先入先出，严格仓库领用制度，对于易于流失的如胶带、扁铁丝等实行以旧换新制度。公司主要使用的能源为电力与蒸汽。公司每年制定水、电、蒸汽能源消耗的目标指标，并进行日常抄表，对数据进行汇总和分析。

公司主要工业污染源为生产废水、工业噪声及工业固体废物，生产过程没有工业废气排放。公司生产废水主要为含黏合剂和油墨的清洗废水，经废水处理站进行处理后排入金桥开发区的市政污水管网。监测报告表明，公司实现达标排放。主要危险废物为废油墨、废显影液及废树脂，交由有资质的单位进行处理，其他废物均属于一般性工业废物。

分析公司资源、能源消耗与浪费情况，发现一些机会，如蒸汽来源于为美亚金桥专为公司配套的燃油锅炉，锅炉的运行和维修成本较高，公司现用部分灯具非节能灯具，因此在灯具节能改造方面有较大潜力，公司污水处理系统投入运行已近10个年头，设备需维护。

通过比选，生产车间由于能耗、水耗、废水排放量较大，以及该部门具有较大清洁生产潜力，且部门积极性高，被确定为本轮审核的审核重点。本轮清洁生产审核的目标见下表。

清洁生产审核目标表

序号	项目	现状	近期目标（2008年年底）	远期目标（2010年年底）
1	蒸汽单位消耗量/（kg/万 m²）	4.266	4.223	4.181
2	水单位消耗量/（m³/万 m²）	15.05	14.9	14.45
3	原纸利用率/%	82	84	86
4	COD 排放/（t/a）	4.23	3.15	3

对生产车间各生产工艺流程排污进行分析，根据公司多年抄表记录的用水数据建立用水平衡图。生产车间自来水的消耗占公司自来水消耗的39.8%，主要用于设备的清洗，最后含有黏合剂和油墨的废水排放到废水

处理系统中。锅炉用水也占有较大的比重，为 23.6%，锅炉用水主要是用于产生蒸汽提供生产中的烘干工序使用。通过建立 E-P 图分析公司蒸汽的消耗情况，根据 2006 年和 2007 年的蒸汽消耗 E-P 图分析得出，蒸汽消耗在 2006 年控制较好，2007 年损耗增加，说明节约还存在较大的空间。分析工业废水处理设施状况，目前二级生化处理设施存在池内填料脱落、填料框架锈烂，污水处理必须的微生物培养菌缺失的情况。

清洁生产方案 本次清洁生产审核共提出清洁生产方案 17 项，已实施无/低费方案 14 项，实施中/高费方案 3 项：① 包装纸板机加热系统改造方案。使用管道蒸汽，供汽压力由原来的 1 274 kPa（13 kgf/cm²）下降到 784～931 kPa（8～9.5kgf/cm²），加装一套加热板，进行了实验，选择合适车速。② 废水处理设施改造方案。废水处理站大修和部件更新。③ 仓库节能灯改造。其中废水处理站改造和包装纸板机加热系统改造两项已实施完成，仓库照明节能改造方案正处于实施过程中。已实施的无/低费方案 14 项，无/低费方案的实施合计取得经济效益 87.74 万元/a 以上，并取得了很好的环境效益，包括节水 1 万 t/a、减少危废处理量 3.54 t/a、节约原材料 122.6 t、节约油墨 3 218 kg 等。3 项中/高费方案合计投资 136 万元，预期每年取得经济效益 108 万元和显著的环境效益，包括节电 19.28 万 kW·h/a，节约蒸汽 364 t/a 以上，减少 CO_2 排放 4 112 t/a，减少 COD 排放 1.65 t/a 等。设定的清洁生产审核近期目标已完成。

第二部分

清洁生产论文

推行清洁生产审核 优化环境管理体系

张 清

（上海贝尔股份有限公司）

21 世纪是一个绿色时代，作为中国电信领域第一家引进外资的股份制企业，上海贝尔股份有限公司（以下简称上海贝尔）在努力拓展市场、为中国通信事业作出贡献的同时，特别重视企业的社会责任，将节能、环保和循环经济的管理理念融入到所有的业务领域，在研发、销售、制造和服务等产品实现过程中，始终关注经济、社会和环境的和谐发展，推行和优化 ISO 14001 环境管理体系，推行清洁生产管理理念，推动清洁生产审核的实施，从而促进企业的自身发展与环境保护的和谐统一，实现节能、减排、降耗、增效的清洁生产目标，实现企业可持续发展的目标。

1. ISO 14001 环境管理体系和清洁生产简介

众所周知，ISO 14000 系列标准是集近年来世界环境管理领域的最新经验与实践于一体的先进体系，它与我国传统的环境质量标准、排放标准完全不同，它是自愿性的管理标准，为企业提供了一整套标准化的环境管理方法，包括制定、实施、实现、评价和持续环境政策所需要的组织结构、规划活动、责任、实践、步骤、流程和资源。ISO 14001 环境管理体系旨在指导并规范企业建立先进的体系，引导企业建立自我约束机制和科学管理的管理行为标准。

企业建议，ISO 14001 环境管理体系必须对标准中"环境因素"进行充分的识别和评价，环境因素的识别和评价是建立和实施 ISO 14001 环境管理体系的基础和主要内容，对环境因素的有效控制是衡量体系有效性的主要标志。ISO 14001 环境管理体系标准 4.3.1 环境因素中规定如下。组织应建立、实施并保持一个或多个程序，用来：a）识别其环境管理体系覆盖范围内的活动、产品和服务中它能够控制，或能够施加影响的环境因素，此时应考虑到已纳入计划的或新的开发、新的或修改的活动、产品和服务等因素；b）确定对环境具有，或可能具有重大影响的因素（即重要环境因素）。

根据上述要求，企业在环境管理体系时，首先要识别组织在活动、产品和服务中的环境因素，并确定重要环境因素。环境因素的识别时需要考虑正常、异常和紧急三种状态；过去、现在、将来三种时态；大气、水、土壤、原材料和自然资源的使用、能源使用、能量释放、废物和副产品以及物理属性等八个方面，同时还需要关注为组织提供服务的相关方活动对环境影响的环境因素识别，确保企业全面和充分地识别环境因素，并对确定为重要环境因素的活动、产品和服务，通过制定目标指标和方案以及制定有效的运行控制程序进行管理。

此外，20 世纪 70 年代末期以来，随着工业化的高度发展而引发的全球环境污染事件引起全世界的高度重视，开辟污染预防的新途径，推行清洁生产作为经济和环境协调发展的一项战略措施，也已经成为不少发达国家的政府和各大企业集团（公司）的选择。清洁生产是指以节约能源、降低原材料消耗、减少污染物的排放量为目标，以科学管理、技术进步为手段，目的是提高污染防治效果，降低污染防治费用，消除或减少工业生产对人类健康和环境的影响。因此，清洁生产可以理解为工业发展的一种目标模式，即利用清洁能源、原材料，采用清洁生产的工艺技术，生产出清洁的产品。同时，实现清洁生产，不是单纯从技术、经济角度出发来改进生产活动，而是从宏观经济的角度出发，根据合理利用资源，保护生态环境的这样一个原则，考察产品实现从研究、设计、生产到消费的全过程，以期协调社会和自然相互关系。

清洁生产及其审核工作涉及企业方方面面，尤其是涉及企业产品发展和生产工艺、技术和设备，因此做好实施清洁生产的基本前提是必须获得高层领导支持和参与，获得各层次领导和管理人员的重视。清洁生产管理包括企业生产全过程原材料和能源、技术工艺、设备、过程控制、产品、

废弃物、管理和员工八要素。清洁生产审核的基本思路可以表述为：a）
提出问题：废物在哪里产生？列出污染源（废物）清单；b）分析问题：
为什么会产生废物？ 进行废弃物产生原因分析；c）解决问题：如何减少
或消除废物？产生有针对性的解决方案并实施开展清洁生产审核。

　　从如上对 ISO 14001 环境管理体系和清洁生产管理的要求我们可以理
解为，企业为不断实现预防污染的管理，提高企业的环境绩效，为不断实
现环境和经济的和谐发展目标，可以将清洁生产与 ISO 14001 环境管理体
系的管理理念融汇，从而提出新的管理思想和新的管理措施。清洁生产管
理和 ISO 14001 环境管理体系之间的差别见下表：

清洁生产管理和 ISO 14001 环境管理体系之间的差别

差别	清洁生产	ISO 14001 环境管理体系
关注重点不同	着眼于生产本身，以改进生产、减少污染产出为直接目标	侧重于管理，强调标准化的集国内外环境管理经验于一体的、先进的环境管理体系模式
实施目标不同	直接采用技术改造，辅以加强管理	以国家法律法规为依据，采用卓越的管理，促进技术改造
审核方法不同	以流程分析、物料和能量平衡等方法为主，确定最大污染源和最佳改进方法	侧重于检查企业自我管理状况，审核对象有无企业文件、现场状况及记录等具体内容
产生作用不同	向技术人员和管理人员提供了一种新的环保思想，使企业环保工作重点转移到生产中来	为管理层提供一种先进的管理模式，将环境管理纳入其他的管理之中，让所有的职工意识到环境问题并明确自己的职责

　　由此可知，清洁生产的技术含量较高，环境管理体系则强调污染预防
的管理，将清洁生产的管理理念融入企业的 ISO 14001 环境管理体系，不
断实现对污染治理的技术改造，为 ISO 14001 环境管理体系提供了技术支
持。在推行清洁生产的管理过程中，将 ISO 14000 管理理念贯穿于整个过
程，为清洁生产提供了机制和组织保证。

　　上海贝尔积极实践 ISO 14001 环境管理体系和清洁生产管理，将两者
相辅相成，互相促进，更好地体现了治理污染、预防为主的思想。

2. 上海贝尔 ISO 14001 环境管理体系运行和清洁生产的融合管理简介

上海贝尔于 2000 年建立并获得 ISO 14001 环境管理体系认证证书，从而构建了以预防管理为主的环境管理框架，通过运用 PDCA 的管理模式，制定有效的环境目标和不断地自我监控和优化管理，实现环境管理体系的有效运行，不断提高环境绩效，达到持续改进的绿色管理目标。

上海贝尔的绿色管理主要包括：产品生态设计、绿色采购、清洁生产管理和落实环境管理体系等方面。通过绿色管理，主要追求实现三个主要目标：一是物质资源利用的最大化，通过集约型的科学管理，使企业所需要的各种物质资源最有效、最充分地得到利用，使单位资源的产出达到最大最优；二是废弃物排放的最小化，通过实行以预防为主的措施和全过程控制的环境管理，使生产经营过程中的各种废弃物最大限度地减少；三是适应市场需求的产品绿色化，根据市场需求，开发对环境、对消费者无污染和安全、优质的产品。

公司十分重视产品的绿色管理，旨在从产品生命周期的源头控制和减少对环境的污染和影响，这一设计理念不仅来源于公司对保护人类环境的使命和责任，同时也受约于外界对通信产品日益提高的绿色要求，绿色管理主要包括：

① 研发过程的管理：公司在产品设计阶段，依据通信产品的特点，将产品能耗、选材、有害材料的使用和产品的可拆卸等管理作为"绿色产品"的重要依据，"绿色设计"的理念从研发需求的输入评审开始，覆盖了产品生命周期（PLC）的全过程。

② 有毒有害材料的管理：公司充分利用全球资源，与国际先进的环保观念和做法接轨。欧盟于 2004 年颁布了 RoHS 指令（Restriction of Hazardous Substances，有毒有害物质禁用指令），同期公司就成立跨部门的 RoHS 项目组。2007 年 3 月 1 日我国正式实施《电子信息产品污染控制管理办法》，而上海贝尔凭借在该领域的管理优势，同步参与中国 RoHS 的标准制定工作，确保公司的产品同步符合中国的 RoHS 标准要求。

③ 绿色采购：公司努力为社会构建一条绿色供应链，并正为此不断

努力。公司始终把控制原材料视为减少产品对环境负面影响的重要环节，根据全球采购策略，启动供应商能力评价管理，该评价包括技术要求和商务管理，此外特别关注社会责任、环境、职业健康和安全管理评定，并将 ISO 14001 管理体系认证作为环境特殊供应商合格评定的条件之一。

④ 绿色生产：为了倡导资源的重复利用，减少环境负荷，公司引导并推动全体员工开展"节约资源，降低生产成本"活动，创建绿色企业文化，将质量管理领域攻关管理小组活动的 PDCA 管理工具运用到环境管理事务中，不断优化制造过程包装材料的回用管理、废料再利用管理、降低原材料和辅助材料的消耗管理、优化制造工艺流程；不断吸收国内外新的节能技术，对各类用电消耗大的基础设备进行改造，供水系统采用变频式增压水泵，对制造过程的用电设备进行工艺改造，对制造过程的设备运行进行严格的分段管理，确保合理使用能源资源，通过实现资源重复利用减少有害物质排放管理，使员工体会"降低产品制造成本，从点滴着眼，保护环境，从我做起"的管理理念。

⑤ 绿色照明管理：公司在 1993 年建浦东厂时就引进欧洲的环保技术，将绿色照明的概念引入公司，内部绝大部分照明都采用绿色照明，覆盖率在 95%以上，荣获由上海市经委、发改委等市府部门与世界银行等组织共同命名的"上海市绿色照明节电示范点"，以表彰为上海节能工作作出的示范性贡献。

⑥ 污染物减量化管理：2001 年新建造的公司污水处理站，配有达标中水回用系统，主要用于绿化灌溉和景观，改变了以前使用自来水人工灌溉、喷洒不均匀、耗水量大，采用二次生化处理污水全自动喷淋，每年可节约新鲜水消耗。

餐饮油烟排放采用运水烟罩处理系统控制油烟气排放，该系统通过炉具里的水循环、清洁剂、稀释液和高压电的多重作用，有效控制油烟气的外泄，所有油烟废气达标排放。

公司废弃物管理严格执行公司相关管理要求，公司制造部门在努力减少废弃物产生的基础上，不断追求生产结构和工艺的优化，提高工业固体废弃物的综合利用率，通过制定相关方环境管理评价准则，对危险废物处置单位的环境管理能力进行评估，确保危险废物的合法处置。

如上综述，上海贝尔实践绿色管理理念，确立清洁生产与 ISO 14001 环境管理体系相结合的意识，以清洁生产管理战略不断优化 ISO 14001 环境管理体系，将资源投入从末端治理转为优先解决清洁生产所需要解决的环境问题，把清洁生产的持续改进与 ISO 14001 环境管理体系的优化运行结合起来。将清洁生产审核中清洁生产方案的实施和 ISO 14001 环境管理体系的重要环境因素管理相结合，通过环境因素相关的法律法规合规性评价管理，制定环境管理方案和目标指标管理，不断降低环境风险；凭借完善的 ISO 14001 环境管理体系的框架，通过清洁生产审核，将整体预防的环境战略进一步升华，将清洁生产理念融入制造过程、产品和服务管理中：

① 对制造过程，要求节约原材料和能源，尽可能地回用各类包装材料，再利用各类板材，循环利用器件，淘汰有毒原材料，减降所有废弃物的数量；

② 对产品，要求减少有害物质，模块集成便于拆卸，减少从原材料使用到产品最终处置的全生命周期的不利影响；

③ 对服务，要求将环境因素纳入服务设计和所提供的服务中。

在环境管理体系的运行过程，将清洁生产的思想写在体系文件中，在环境方针中承诺预防为主的清洁生产管理而不仅仅是末端控制；在目标、指标的制定上，考虑清洁生产指标（如单位产品物耗、能耗等）的改进；在环境管理方案中，优先开发和实施清洁生产方案，而将末端控制方法作为补充；在培训上，把清洁生产的内容纳入培训计划并作为全员培训的重点；在信息交流中，把公司清洁生产的要求传达到相关方，并影响供方和承包方建立 ISO 14001 环境管理体系，实施清洁生产，以扩大清洁生产的影响；在运行控制上，将行之有效的各种清洁生产管理方法写到运行控制程序和作业指导书中去；在内部审核和管理评审中，将清洁生产和环境管理体系的有效运行作为重要的审核和评审内容。使环境管理体系按清洁生产的思路运行下去，预防污染，持续改进环境绩效。

3. 结束语

当今时代，企业的发展需要不断提高经济效益，但如何实现经济、环境和社会的和谐发展，发展经济降低环境风险，乃是企业管理思索的主题。企业可以通过把清洁生产战略纳入环境管理体系的建立与运行过程中，可以发挥二者的各自优势，共同扬长避短，以标准化、系统化的环境管理来实施清洁生产并使它持续下去，进而使企业实现环境绩效持续改进，从而为可持续发展服务。

一个成功的企业、一个负责任的企业，关注环境绩效的改善和企业的生产是否变得更清洁，关注企业预防改进战略的成功实现，关注清洁生产和 ISO 14001 环境管理体系以及循环经济的和谐管理。

不断创新工艺技术　持续推进清洁生产

褚小东　蒋兆飞　王晓春

（上海华谊丙烯酸有限公司）

1. 以工艺、技术创新为主要手段，坚持推进清洁生产

上海华谊丙烯酸有限公司是上海华谊（集团）公司下属国有合资企业，1992 年 7 月动工建设，1994 年 10 月建成投料生产。当时企业引进日本三菱化学的技术和设备，生产工艺技术和装备达到 20 世纪 90 年代先进水平。进入 21 世纪以后，公司坚持以清洁生产为主导思路，以工艺、技术创新为主要手段，走绿色工业发展道路。公司在消化吸收引进技术的基础上，依靠科技创新相继开发了拥有自主知识产权的国产化丙烯酸及酯生产技术，包含了 9 项相关专利技术，见表 1。

表 1　丙烯酸公司 9 项相关专利技术

序号	名称	性质	专利号	
1	磺酸复配物和（甲基）丙烯酸低级烷酯的制造方法	发明	ZL00 1 19581.6	2003.01.08
2	多层固定床管壳式反应器	发明	ZL01 1 26522.1	2004.09.01
3	气体混合装置	发明	ZL01 1 12964.6	2003.07.05
4	固定床管壳式热交换反应器	实用新型	ZL01 2 39032.1	2002.05.15
5	（甲基）丙烯酸羟烷基酯的制备方法	发明	ZL02 1 11883.3	2006.02.15
6	丙烯酸提纯脱烃塔	发明	ZL02 1 36612.8	2005.07.22
7	（甲基）丙烯酸羟烷基酯的提纯方法	发明	ZL02 1 45374.8	2005.09.28
8	共沸精馏提纯丙烯酸的方法	发明	ZL03 1 16260.6	2007.06.20
9	一种纯化丙烯酸的方法	发明	ZL2003 1 0109206.X	2006.02.15

2004 年公司丙烯酸及酯新工艺生产关键技术获国家科技进步二等

奖。2003 年万吨级丙烯酸新技术的研究开发获上海市科技进步一等奖。2002 年丙烯酸丁酯获上海市新产品一等奖，其生产新工艺的开发应用获上海市科技进步一等奖，丙烯酸羟乙酯/羟丙酯生产工艺的创新获上海市科技进步三等奖。2002 年公司被评为上海市高新技术企业，公司技术中心被认定为上海市级技术中心。公司历年被评为上海市文明单位，2005 年度全国文明单位。公司已取得 ISO 9001 质量管理体系、ISO 14001 环境管理体系、OHSAS 18001 职业健康安全管理体系认证，还获得全国管理创新一等奖等多项荣誉。

公司在生产过程中已采用了许多清洁生产技术，如完善了热能回收工艺设计，主要节能措施有：① 将丙烯氧化反应生成丙烯酸的热能回收，副产蒸汽与全厂的蒸汽管网全部连通，以充分利用回收热能；② 蒸汽分级使用，高压蒸汽驱动透平、驱动发电机发电，高压蒸汽经使用转换成低压蒸汽供化工分离过程使用；③ 蒸汽冷凝水回收，用于热水保温和锅炉给水；④ 废水浓淡分流，高浓度废水焚烧处理，低浓度废水去生化处理。大大降低废水的处理成本，节约液化气量。

一系列清洁生产技术的实施，使公司在发展生产同时节能减排，做到增产不增污。

2. 企业开展清洁生产审核成效明显

2006 年公司进行了清洁生产审核，2007 年年初通过验收。经过清洁生产审核，企业获得了明显的经济环保效益，丙烯酸公司清洁生产审核实施前后用能和用水情况对比见表 2。

表 2　丙烯酸公司清洁生产审核实施前后用能和用水情况对比表

比较项目	清洁生产审核前（2007 年前平均数据）	清洁生产审核后（2008 年）
单位产品耗标准煤/（t/t）	0.317	0.268
单位产品耗江水/（t/t）	11.82	9.58
单位产品耗蒸汽/（t/t）	1.54	1.13
单位产品耗电/（kW·h/t）	312	256
单位产品排放水量/（t/t）	5.368	4.358
单位产品排放气量/（t/t）	4.704×10^3	3.982×10^3

公司通过自身的实践，体会到清洁生产是一种新的污染防治战略，通过源头减排、工艺减排和过程减排，实现节能减排的目标，是企业贯彻落实科学发展观，推进循环经济，建设资源节约社会的重要手段。清洁生产是一个持续发展的过程，为了巩固已取得的清洁生产成果，并使清洁生产工作持续地开展下去，公司成立了清洁生产领导小组，生产管理部为下设的清洁生产办公室，负责全厂的清洁生产日常工作。通过建立和完善清洁生产管理制度，把审核成果纳入到企业的日常管理轨道，建立激励机制和保证稳定的清洁生产资金来源。目前公司又开展了新一轮清洁生产项目策划、实施工作，把预防污染、节能减排的方针落实到全厂每一个部门，把环境可持续发展的理念已扎根到每一个职工思想深处。

3．持续清洁生产，进一步节能降耗增效

公司开展了清洁生产审核后，制定了持续清洁生产项目计划，继续采取措施，向清洁生产要效益，其中包括了两项重大技术改进措施。

① 丙烯酸废气采用催化氧化法处理，进一步降低能耗

丙烯酸生产过程中产生的废气原来采用高温焚烧治理，即将废气收集至焚烧炉，加入辅助燃料液化石油气进行热力焚烧，高温下，把废气中的有机物和一氧化碳转变为二氧化碳和水蒸气。

热力焚烧的最大缺点是能耗高，还会产生 NO_x 等污染物。如何采用更为经济、节能的技术来治理丙烯酸废气，曾经成为丙烯酸行业的一个热门研究课题。目前已有多种新方法，主要有催化氧化（燃烧）法。这种方法是指在催化剂的作用下，废气中的有机物和一氧化碳等可燃物进行深度无焰氧化，生成二氧化碳和水而达到净化目的的技术。其主要化学反应方程式为：

$$C_xH_yO_z + O_2 \xrightarrow{\text{催化剂}} CO_2 + H_2O - \Delta H_c$$

催化氧化法反应温度较直接燃烧要低得多，大部分烃类及其含氧衍生物和一氧化碳在 250～400℃温度下通过催化剂床层可迅速发生氧化反应，反应速率快，可燃物净化率高，二次污染物 NO_x 和 CO 的量很少，具有高效节能和环境友好的双重功能。

对丙烯酸废气的治理，催化氧化法与高温焚烧法技术比较见表3。

表3 催化氧化法与高温焚烧法技术比较

比较指标	高温焚烧法	催化氧化法
是否添加燃料	需要燃料	除开工阶段不需添加燃料
床层温度	800～900℃	500～700℃
反应物流态	定态	定态
是否产蒸汽	产蒸汽	产蒸汽
环保效果	处理效果较好，但产生 NO_x	处理效果好，几乎不含 NO_x
投资	比催化氧化法少一些	比焚烧法稍大
年操作费用	2 倍于催化氧化法	系数为 1.0

公司经过多方比较，确定选用杭州凯明催化剂有限公司生产的 KMF 系列催化剂。该有机废气净化催化剂采用堇青石蜂窝陶瓷体作为第一载体，γ-Al_2O_3 为第二载体，以贵金属 Pd、Pt 等为主要活性组分，用高分散率均匀分布的方法制备而成，是一种新型高效的有机废气净化催化剂。一套 3 万 t/a 丙烯酸装置废气处理所需的催化剂使用量为 3～5 m^3，使用寿命为 2～3 年。

丙烯酸废气催化氧化法工艺流程如图1所示。

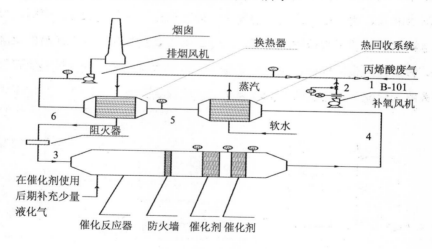

图1 丙烯酸废气催化氧化法工艺流程

来自吸收塔的丙烯酸废气首先进入热交换器，预热到可燃物的起燃温度以上，经由阻火器送入催化反应器，在催化剂的作用下，可燃物进行催化氧化反应（燃烧），尾气被净化而且温度进一步升高，反应后的气体进入热回收系统（废热锅炉）回收部分反应热，然后该气体进入换热器预热吸收塔尾气，温度进一步降低，最后经排烟风机送入烟囱。热回收系统副产的蒸汽并入丙烯酸生产装置蒸汽总管线，用于生产。为避免丙烯酸生产工艺波动时，尾气中可燃物浓度过高导致催化反应床层温度过高，从而引起催化剂失活，设置补氧风机用来调节反应床层的温度，补氧风机也作为开工阶段预热床层用。开工时，首先用外加热的方式（以液化气作为燃料），用新鲜空气预热催化剂床层，并使床层温度高于可燃物的起燃温度 100～150℃半个小时，然后逐渐增大废气的通入量并调节新鲜空气的量到合适的配比范围，调节蒸汽的产量，废气处理系统即可开始正常运转。公司催化焚烧法处理丙烯酸尾气装置运行正常且效果明显，2008 年 5 月通过了市环保局的验收。

②反渗透水循环利用节水节能

公司为了减少工业水的消耗量，将反渗透工艺产生的浓水（高盐水）用于多介质过滤器（双滤料过滤器）的反洗。公司采用反渗透方法制备软化水，公司共有多套反渗透装置，一般在正常生产情况下，产生约 60t/h 的浓水，反渗透的浓水以前直接并入雨水管网直排。公司将直排雨水管网的浓水回收，用于多介质过滤器反洗，降低净化江水的消耗量。平时，反渗透浓水通过管道直接进入储罐，当过滤器需要反洗时，启动新增的反洗泵、管道进入反洗管道，进行反洗操作。当浓水量过多，则通过溢流管道进入雨水管网，反渗透浓水回收利用工艺流程见图 2。

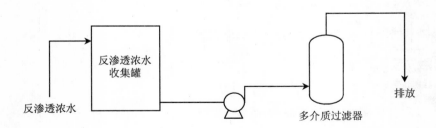

图 2　浓水回收工艺流程

提倡生态文明 实施清洁生产

吴剑华

（上海夏普模具工业控制系统有限公司）

现代工业文明所带来的环境危机，严重威胁到人类的生存与发展。面临日渐恶化的生态环境，各国政府已高度重视生态文明，在制定经济、社会、财政、能源、农业、交通、贸易及其他政策时，将环境与发展问题作为一个整体来考虑。同样，保护地球生命和自然资源、防治环境污染、实施清洁生产也成为许多企业在组织生产活动时必须考虑的重要条件。

多年来，作为世界 500 强的日本夏普株式会社已推行了一整套行之有效的环境管理措施，2008 年还制定了"以诚意和创意实现'人与地球和谐的企业'"为夏普的环境方针。上海夏普模具工业控制系统有限公司作为夏普株式会社的海外子公司，对集团公司的环境要求，积极响应，努力实施。为响应国家建设成资源节约型、环境友好型社会的号召，根据浦东新区环境部门和金桥出口加工区管委会倡导"诚信企业"的要求，以及夏普集团环境本部的争当"绿色工厂"的要求，2008 年公司根据自身情况，重新制定企业的环境方针：① 遵守国家法律法规，提高全员的守法意识；② 注重产品的过程管理，不断提升产品的信誉度，向达成世界一流模具企业的目标努力；③ 倡导价值效应，致力于资源的有效利用和再生利用，严格控制生产过程中有害污染物的产出和排放；④ 致力于实现废弃物最终处理的最小化，为保护地球的环境和人类社会可持续发展而努力；⑤ 以诚意和创意实现"人与地球和谐的企业"。近年来，公司以"企业节能、减排"为主题，组织推进以节约能源，提高能源利用效率和经济效益为目标的"企业清洁生产活动"，在全体员工中广泛宣传，形成良好氛围，动员全体员工积极参与公司组织的多种形式活动，取得很好成果。其主要工作如下：

1. 宣传教育

公司组织环境管理部门收集与"节能、减排"相关的政府通知、文件、条例，根据收集的资料结合本公司生产、经营情况和公司生产、工艺流程编制了"环境因素产生源示意图"，根据示意图对各环节所产生的环境因素进行识别、分析，确定公司的环境因素的治理对象和治理的具体实施方法，根据治理的"对象""方法"编制了《废弃物管理、处置作业指导书》和《环境管理知识问答》宣传手册，并对公司员工进行环境治理的教育，使员工充分认识到"节能、减排"的重要性、必要性和自身任务。在全体员工中广泛宣传，营造"节能、减排"工作的良好氛围。

2. 组织活动

① 组织员工积极参与公司倡导的"节能、减排"项目的提案活动，在全体员工的积极参与下，仅 2008 年的提案数为 1 619 项，约为公司员工数的 6.5 倍。

② 开展以"企业节能、减排"为主题的"企业清洁生产活动"，推进企业节约能源，提高能源利用效率和经济效益。

③ 动员全体员工积极参与公司组织的"R-CATS""重点取组"等多种形式活动，把"节能、减排"工作贯穿于日常的工作、生产之中。

④ 组织员工参加 "为美化环境从我身边做起为主题"的环境、社会公益活动。

⑤ 组织员工参加"抗震、救灾"捐助活动和贫困地区的服装救助活动。

经过努力，各项活动取得了初步成效，环境管理体系工作进一步完善，圆满完成了"绿色工厂"活动计划中的预计目标和各类环境指标。2006年，公司被评为夏普系统的"绿色工厂"和浦东新区"绿色诚信企业"的称号。被评为绿色企业后，公司进一步强化环境管理工作，开展清洁生产审核，健全环境责任区的"管理责任制考核"工作，使公司的环境管理工作更上一个台阶。

3. 强化内部管理机制，实施"节能减排"工作

① 每月做好车辆出勤统计和油量管理，调动驾驶人员节能积极性，严格控制能耗增量。在保证正常的工作用车前提下，提倡部门合并使用车辆，减少车辆往复而造成的资源浪费。

② 对机械设备使用情况进行调研。调查过程中，发现公司的机械设备在加工过程中使用的冷却液数量较大，且与生产量成正比，根据政府"增产不增废弃物"的要求，公司收集了大量的技术资料，从中选择了 MQL 工艺，以油脂喷雾冷却代替原来的冷却油，经过对两台设备的试验，冷却液用量可以减少 40%，从而减少了废弃物的排放量。

4. 开展清洁生产审核

在上海市环境科学院清洁生产中心的指导下，2007 年 8 月公司启动了企业清洁生产审核工作，于 2008 年 2 月完成了清洁生产审核报告的编制和修订。通过实施清洁生产审核，公司进一步将污染预防与全过程管理的理念引入公司环境管理，提高环境绩效。公司领导对企业清洁生产评审工作非常重视，由总经理担任领导小组组长，管理部长担任审核小组组长，总体的协调由管理部总务为主，其他各部门配合实施，并制定了全体的实施方案和实施计划，对公司的企业整体状况、生产工艺、主要生产设备、原材料种类与消耗情况、能源消耗情况以及生产污染现况进行详细调查，收集了大量的原始记录、生产报表、废弃物管理、"三废"处理等资料，从多方面进行分析，确定清洁生产审核重点和清洁生产目标。

本轮清洁生产审核提出和实施清洁生产方案 14 项，其中低/无费方案 10 项，中/高费方案 4 项。中/高费方案有：生产区照明灯为金属卤灯全部改成节能灯；原办公区域采用蒸汽取暖改为分体空调，减少能源损耗；冷却液冷却改为油脂喷雾方案；冷却液再生利用。总投资 131 万元，预期经济效益 164 万元，年节电 11.86 万 kW·h，节水 10 t，节油 1 t，节约蒸汽 868.5 t/a，减少废乳化液等排放 1.9 t，万元销售额能耗下降 38%，达到了设定的清洁生产近期目标。通过清洁生产审核，企业进一步完善环境管理体系，使各项管理制度更加细致，更具有操作性。

全面推进清洁生产　深化石化污水减排

王　鹏

（中国石化上海高桥分公司）

对于企业来说，末端治理无疑是重要和必须的，可以快速地解决最容易解决的污染问题，但是，它不能解决企业污染减排的深层次矛盾。只有全过程控制才是在减排工作中落实科学发展观的重要途径。

经环保部最终核定，2008 年上海市 SO_2 和 COD 排放总量在 2007 年基础上分别削减 10.39%和 9.41%，削减率在全国名列前茅（其中 COD 减排全国第一），超额完成了年度计划目标（分别削减 5%和 4%）。2010 年上海市减排工作目标是，二氧化硫排放总量控制在 38 万 t 以内，化学需氧量排放总量控制在 25.9 万 t 以内。启动氮氧化物、氨氮、总磷等污染物总量控制工作。中国石化减排目标是，到 2010 年，集团公司外排主要污染物 COD 和二氧化硫量总体分别减少 10%以上，万元产值取水量达到 11 m^3 以下，完成上海市和中石化制定的目标任务我们责无旁贷。

中国石化股份有限公司上海高桥分公司炼油事业部位于浦东高桥地区，西靠黄浦江，东临长江口，占地 2.4 km^2，是一个千万吨级的大型石油炼制企业，搞好水资源的综合利用对企业实施可持续发展战略具有重大意义，如何全面推进清洁生产，减污缩排显得尤为重要。

1. 炼油事业部污水排放现状

炼油事业部现有废水处理装置 7 套，其中 3 套污水处理装置，1 套天然隔油池，2 套酸性水汽提装置，1 套碱渣处理装置。目前，事业部污水主要分为含油污水、污染雨水和清洁雨水三类。经过对外排口的改造，事业部含油污水、污染雨水和初期清洁雨水经污水处理装置处理，指标需达到《上海市污水综合排放标准》三级排放标准后，由 1#、3#排放口水接入上海市污水一期总管，最终纳入竹园污水厂处理后排海。2006 年 3 月 1 日，通过 1#污水流程改造的污水回用项目正式起用，回用污水作为中水替代新鲜水，将 50%以上的 1#污水外排污水回用作为杂用水，污水回用情况如表 1 所示。

表 1　污水回用情况

年份	1#污水系统污水回用量/万 t	3#污水系统污水回用量/万 t	吨原油污水排放量/t	吨产品新鲜水耗量/t
2005	无	无	0.77	0.996
2006	216	无	0.56	0.77
2007	305	3.89	0.49	0.70
2008	292	27.72	0.37	0.55

从表 1 中可以看出，通过污水回用，大大降低了炼油事业部的吨原油污水排放量和吨新鲜水耗量，在节水减排方面取得了显著的效果。再横向来看一下各炼厂的节水减排情况，主要节水减排指标情况对比如表 2 所示。

表 2　主要节水减排指标对比情况

	2008 年吨原油污水排放量/t	2008 年吨产品新鲜水耗量/t
国内平均	0.44	0.69
镇海	0.05	0.36
高桥	0.36	0.54

从表 2 中可以看出，镇海的吨原油污水排放量已经达到了 0.05 t，已向"零排放"逼近了。高桥的节水减排情况基本处于中等水平。因此也看到，节水减排工作任重而道远，还有许多的工作要做。

2．污水减排存在问题分析

炼油污水减排是一个系统工程，它牵涉到了各专业线条，末端治理无疑是重要和必须的，但从清洁生产的理念出发，从全过程控制的角度考虑，以下几个是存在的比较突出的问题：

① 污水处理场易受到冲击，导致出水水质波动

炼油企业在加工过程中，产生和排出含污染物的工业废水有：原油脱盐水、产品洗涤水、油罐脱水、机泵冷却水、冷却塔和锅炉排污水等，其所产生的废水量和污染物质随炼油厂类型及加工工艺不同而异。高桥分公司炼油事业部 1# 污水主要收集的是老区以润滑油加工为主的装置以及罐区污水（见表3），3# 污水主要收集的是新区以燃料油加工为主的装置以及罐区污水（见表4），从 2008 年 1—6 月数据来看，污水处理场进水各污染物含量均有较大的波动，最大值均远远大于平均值，基本在 10 倍左右。即使经过调节罐的均质缓冲作用以后，仍然有较大的波动（见图1、图2）。高浓度废水间断排放给污水处理场的运行带来了较大的冲击，导致活性污泥中毒死亡，处理效果急剧下降，一旦污水处理受到冲击，恢复期长，在恢复期内废水不能进行正常处理，若再次受到高浓度废水冲击，则就会形成恶性循环，造成污水处理系统的瘫痪，给治理带来更大的困难，同时也造成了污染物排放量的上升，不利于减排工作的进行。

表3　2008 年 1—6 月 1# 污水进水情况表

	pH	含油量/（mg/L）	COD/（mg/L）	挥发酚/（mg/L）	氨氮/（mg/L）	硫化物/（mg/L）
平均值	7.48	137.53	905.21	7.45	29.56	2.43
最大值	10.32	20 000	40 100	71.20	184	37.10
最小值	5.91	10.40	146.00	0.11	8.53	0.03

表4　2008 年 1—6 月 3# 污水进水情况表

	pH	含油量/（mg/L）	COD/（mg/L）	挥发酚/（mg/L）	氨氮/（mg/L）	硫化物/（mg/L）
平均值	8.21	324.53	2 181.03	17.17	59.81	13.55
最大值	11.78	3 800	17 260	133.00	427	179
最小值	6.30	12.50	352	1.71	9.78	0.10

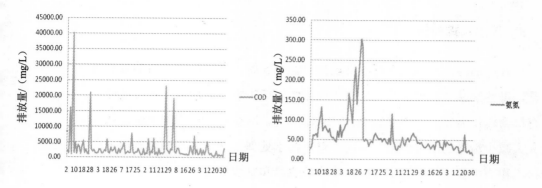

图1 2008年1—6月1#污水调节罐出水COD、氨氮情况图

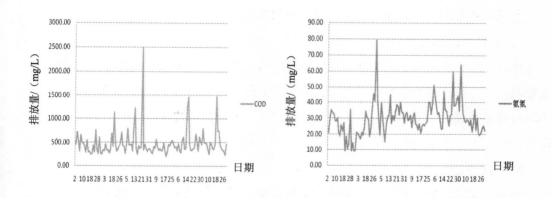

图2 2008年1—6月3#污水调节罐出水COD、氨氮情况图

　　② 地下管线渗漏损坏严重，导致对环境有影响

　　据监测统计，石化企业大中型厂因地下管道破损造成的漏水量达到100 t/d。炼油事业部含油污水管道多为自流埋地排水承插铸铁管道，检修困难，长期运行后，地基下沉等造成接口漏水、检查井开裂，引起雨天外漏、非雨天内漏的恶性循环，地下管线的渗漏易造成对土壤污染，出现地下水含油、清净雨水含油等情况，形成环境污染。

　　③ 污水回用率还有待提高

　　2008年炼油事业部污水回用率为46%，与先进水平还有较大的差距，离"零排放"的距离更远。目前，炼油事业部的污水回用率不高，主要是由于回用水途径单一，主要回用于杂用水，污水已合格排放，但距回用水质要求还有差距。

3．污水减排对策

做好炼油污水减排工作离不开炼油工艺的发展，采用加氢等清洁生产工艺，可使油品中有机硫、有机氮、烃的含氧衍生物和其他溶于水的烯烃等有机物转化为烃、可回收的 H_2S、$NH_3\text{-}N$ 等，减少油品碱洗和水洗，从而大大减少污染物的排放量。同时，对于污水处理工艺来说，要做好污水减排工作，主要从减少污水当中污染物的总量和减少污水的总体水量两方面来考虑，具体采用提高污水处理装置的处理能力的方式来减少污水当中污染物的总量，以减少渗漏、加大污水回用来减少污水的总体水量。

① 有效控制高浓度污水，提高污水处理装置的能力

1）强化污染源头污染控制

针对高浓度废水对污水处理场易造成冲击这一现状，要加强源头的污染控制，一方面通过加强检查，上监测措施等手段降低工艺侧泄漏率，减少物料对水系统的污染；另一方面通过强化管理，有效控制装置污水的随排放，减少对污水处理场的冲击。

2）实行污污分治

在对污染源调查的基础上，充分利用现有的多套污水处理设施，对不同的污水采用相应的处置方式。将电脱盐注水排水、含硫污水、碱渣污水、污染物浓度较高的油罐切水等与低浓度含油污水分开独立排至污水处理场，采取合适的处理方案分质处理。含硫污水先进行汽提净化，然后寻找回用途径，同时考虑串级使用；碱渣污水经碱渣至 SBR 装置处理后进入污水处理场；污染物浓度较高的油罐切水先进 SBR 装置预处理后进入污水处理场，油罐切水也可考虑采用二次自动脱水方式预处理（高浓度污水进 SBR 预处理过程要防止 SBR 对大气的污染）。

3）建立高浓度污水贮存和缓冲设施

增设高浓度污水罐，当出现高浓度污染物的冲击时，采用集中收取高浓度废水入罐，实行有序控制，逐渐引入污水系统进行处理的办法。

4）充分用好现有污水处理设施

充分利用现有的调节罐，加强缓冲匀质处理。尽量压缩进生化系统的水量，对已经进入生化系统的废水，采用增大稀释倍数，降低池内 COD

浓度,增大污泥回流比,并加强曝气充氧,维持池内氧的浓度,可使受冲击的生化系统尽快得到恢复。

②改造和完善排水管网,降低污染环境的风险

1)做好地下排水管网的修理工作

针对地下排水管网渗漏的现象,一方面做好平时的查缺消漏工作,另一方面通过排查,对事业部排水管线形成长远规划,在突出重点区域的前提下,分批次对事业部渗漏较为严重的下水管线进行更新大修。

2)设立污水压力管线

在整体、长远考虑的基础上,增设污水压力管线,将含硫污水、高浓度油罐切水、含盐污水等分类进行压力、密闭全厂系统管架敷设输送。随着原油的劣质化,含硫量的不断上升,首先要考虑的是含硫污水管线的全密闭,由于目前炼油事业部的含硫污水管线并未完全形成单独系统,只有将现有的污水管线窨井盖处均进行加盖密闭,也可以考虑分批、逐步将含硫污水分离出来,独立加压后由管架进行密闭输送。同时,取消或减少系统重力流含油污水管道,含油污水在装置或原油罐区的含油污水提升泵站加压后,压力管道管架敷设送往污水处理场。

③深入开展污水回用

一般石油化工企业的化学用水、循环冷却水及工艺与其他耗水分别占总取水量的 50%、35% 和 15%。在已经将污水回用至杂用水的基础上,为进一步提高污水回用率,最有效、最可行的是将污水回用至循环水和化学用水。

1)污水回用至循环水

目前将污水回用到循环水系统的方法大体有两种:深度处理后回用和达标污水简单预处理后回用。深度处理最主要的问题是初期设备投入巨大,运行费用高,而且污水深度处理难度大。好处主要是水质好,循环水处理难度小;达标污水简单预处理后回用主要问题是水质较差,循环水处理难度较大,并且增加了循环水场的运行成本。好处主要是投资小,污水简单预处理难度小。在考虑到投资费用的基础上,可采用达标污水简单预处理后回用,同时兼顾预处理设施的选用,为以后逐步上深度处理设施提供前提。

从近年企业的用水情况可以看出，如果将污水回用作为循环水补水，基本上可以使吨原油污水排放量降至 0.2 t 左右。

2）污水回用至化学用水

污水回用至循环水之后，要想再进一步提高污水回用率，最终实现"零排放"的目标，最有效的就是将污水回用至化学用水。目前污水回用至化学水还处在研究阶段，但作为石化企业用量较大的化学水，一旦回用将最有效地推动污水减排向"零排放"的目标发展。如果在回用循环水之后再将污水回用至化学水可基本实现"零排放"。

其实，工业污水的再生利用，是个经济问题，不是技术问题。如何利用好现有设施，在尽可能少投资的情况下，用技术可靠、节水减排效果好、投资回报率高的项目需要综合考虑。污水回用是一项系统工程，要按照统一规划、先易后难、积极稳妥的步骤进行。

4．结束语

① 通过污水污染源分析，采取合理的控制和治理措施，减少污水产生量、降低污染物负荷，达到增产不增污。

② 开发高浓度污水的预处理工艺，合理回用、串级使用等措施可大大降低进污水处理场污水的污染负荷，值得研究和实践。

③ 源头控制与污水回用等措施相结合，逐步降低吨原油排水量，为"污染物排放总量控制"提供保证，为最终实现"零排放"创造条件。

认真开展清洁生产审核　争当清洁生产先进型企业

高志跃

（上海希尔彩印制版有限公司）

随着科学技术、管理技术的提高，极大地改变了人们的生活水平，保护人类赖以生存的生态环境越来越为各国所关注，可持续发展战略成为了各国经济发展的战略主题。清洁生产是对污染的最有效预防方法和最佳控制模式，是实现经济持续发展的有力保障。人类关注环境污染问题，就必须要求工业企业实施清洁生产。

20 世纪七八十年代，西方发达国家在多年致力于污染物末端处理后，发觉不但处理费用逐渐提高，而且其成本效益未能提升，环境污染威胁着人类的生存和经济的进一步发展，于是逐步提出污染控制、污染预防、清洁生产、持续发展的理念。1990 年联合国环境规划署正式提出清洁生产理念并推出和实施清洁生产计划，获得了世界各国的纷纷响应，清洁生产成为了一个重要的国际趋势。我国顺应这一国际发展趋势，调整工业发展战略，于 2003 年 1 月 1 日开始实施《中华人民共和国清洁生产促进法》，这标志着我国清洁生产依法全面推行。

纵览当前的国内外市场发展趋势，与环境相关的绿色产品标志认证已成为市场准入的一项必须，也被视为一个非常重要的非关税贸易壁垒，企业只有实施清洁生产，提供符合环境标准的"绿色产品"，才能被市场放心采纳，克服非关税贸易壁垒，参与国际市场竞争。推行清洁生产开始成为企业实现环境改善，同时保持其竞争性和可营利性的核心手段之一。

我公司非常重视环境保护，近年来每年都进行清洁生产的技术改造，在推进清洁生产方面做了大量的工作。我公司列入上海市 2006 年度清洁生产审核试点企业名单，公司对此项工作非常重视，2007 年 5 月成立了以总经理为组长的清洁生产领导小组和审核小组，在本市绿色工业促进会的专家指导下进行清洁生产审核。

1. 公司概况

上海希尔彩印制版有限公司（以下简称"希尔公司"）是中外合资生产凹印版辊、印花版辊、压花版辊的专业厂家，同时又是上海市高新技术企业，拥有企业生产进出口的自营权。企业已通过 ISO 9000 国际质量管理体系认证。企业资产总额 5 800 余万元，固定净资产 3 000 余万元。现有固定员工 300 余人，其中各类专业技术人员 100 余人。

希尔公司自 1992 年建厂以来，无论是产品开发、经济管理还是市场开拓方面，一年一个新台阶。2008 年工业总产值 5 000 万元，销售收入 4 700 万元，创利税近 330 万元，建行 A 级资信企业、纳税 A 类信誉企业。公司一贯秉承"自强创辉煌"的企业精神，"一流的设备，一流的技术，一流的管理，一流的产品，一流的服务"是本公司的目标与宗旨，以创新产品为支柱，瞄准国内外高端市场，依靠科技进步和工艺创新不断增强制版专业水平和企业发展潜力。

由于希尔公司生产工艺创新，产品优质可靠，服务热情，现已在全国重点区域建立了销售网点，并在广东佛山建立公司。在外销上，85%以上的产品销往欧洲以及日、韩等发达国家和地区。

2. 清洁生产审核工作情况

① 清洁生产审核的前期工作

1）2007 年 10 月，与上海市绿色工业促进会签订了清洁生产审核的合同，邀请审核中心的专家来公司指导清洁生产审核工作。根据专家提出的建议，及时展开工作。

2）成立了以公司总经理为组长的清洁生产审核领导小组和审核小组，负责指导、协调和开展清洁生产审核工作。根据清洁生产的程序和专家的建议，制订了较为详细的清洁生产审核工作计划。

3）虽然希尔公司前几年就开始了清洁生产的技术改造工作，但全厂员工对清洁生产缺乏系统的认识。借审核机会，通过专家的培训，对《清洁生产促进法》等政策法规的学习，以及其他类型的宣传，使得每个员工对清洁生产有了较为深刻的认识，并付之于日常生产实践之中，积极提出各种合理化建议。宣传教育活动取得了良好的效果。

4）对全厂基本情况进行了全面的调查，包括产品、消耗、废弃物的排放与处置等。

②审核工作

根据公司的具体情况，确定了公司清洁生产的审核重点，清洁生产审核预评估以及评估阶段中提出 19 个无/低费方案，3 个中/高费方案，已全部实施。现分别叙述如下：

1）无/低费方案：共 19 个（见表 1），实施率 100%，累计投入资金 7.5 万元，而年实现经济价值 116.49 万元，另外这些无/低费方案同时取得了可观的环境经济效益。

2）中/高费方案：共 3 个（见表 2），已全部实施的中/高费方案 3 个。累计投资 1 250 万元，而每年预计实现经济价值为 1 620 万元。

已实施的清洁生产方案汇总如下：

表 1　已实施的无/低费方案汇总表

方案类型	编号	方案名称	方案简介	投入/万元	产出
原辅材料和能源替代	F1	采用替代原材料	在保证产品质量的同时，用国产砂轮替代进口砂轮	0.2	年降成本约 90 万元
工艺改进	F2	降低电镀铜层厚度	在保证雕刻厚度的同时降低铜层余量	0.2	年降成本约 24 万元
节能	F4	电镀线安装水表	在电镀线装纯水和自来水进水口装水表	0.6	有利于水耗定量分析
过程优化控制	F6	减少跑、冒、滴、漏	减少电镀生产线上的跑、冒、滴、漏现象	—	年降成本约 1.2 万元
	F7	定期分析调整化学除油液和电解除油液	定期分析化学除油液和电解除油液，根据工艺条件及时调整，保证前处理效果	0.2	保证产品质量，提高产品合格率
	F8	定期清除溶液中杂物	定期清除溶液中杂物，以防杂质进入镀件中，影响产品的质量	0.1	保证产品质量，提高产品合格率
	F9	监测 pH、电导，当其下降时及时调整	经常监测 pH、电导等参数，当其下降时及时调整至最佳工艺范围内，保证产品质量不受影响	0.1	保证产品质量，提高产品合格率
	F10	正确的工件装挂位置	正确的工件装挂位置，以减少带出溶液，并加强带出液的回收	0.1	年降成本约 0.36 万元

方案类型	编号	方案名称	方案简介	投入/万元	产出
废物回收利用和循环使用	F12	镀液的循环利用	能够循环使用的镀液进行充分的循环利用，减少废液的产生	5	年降成本约0.12万元
加强管理	F13	危险化学品制定应急预案	电镀中所需的有毒有害化学品，有专人管理，采用"双人双锁"跟踪制度，并制定应急预案，防止事故的发生	0.3	减少环境风险
	F14	完善操作规程	优化作业，减少能耗，提高效率，人为故障减少	—	人为故障减少
	F16	电脑设置省电模式	将工作电脑全部设为省电模式	—	年降成本约0.10万元
	F17	节约纸张等办公用品	充分使用纸张等办公用品	—	年降成本约0.48万元
	F18	加强空调管理	严格控制空调温度	—	节电
	F19	节约用水用电	节约用水用电，随手关灯关水	—	节能，年降成本约0.23万元
	F20	进行安全操作培训	预防事故发生，提高原料利用率	1	降低能源、原辅材料消耗，减少"三废"产生
	F21	指定专人负责配制并维护溶液各成分，使其符合工艺要求范围	指定专人负责配制并维护溶液各成分，使其符合工艺要求范围，保证产品质量	0.5	保证产品质量，提高产品合格率
人员	F22	加强人员培训	加强上岗人员的培训，提高员工素质	0.5	保证产品质量，提高产品合格率
合　计				8.8	116.49万元

表2　已实施的中/高费方案汇总表

方案类型	编号	方案名称	投入资金/万元	效益
设备维护和更新	F3	高效节能的高频脉冲开关电源	30	年节电25万kW·h 经济效益：20万元/a
产品更新和改进	F5	生产附加值高的产品	1 200	提高产品的附加值，增加经济效益 预期经济效益：1 600万元/a
节能	F11	空调节能	20	年降成本约4万元，节约能源，杜绝氟利昂对环境污染

③ 持续的清洁生产

公司建立并逐步完善清洁生产组织和相应的管理制度，制定了持续的清洁生产计划，继续推进清洁生产，鼓励员工的合理化建议，使得公司的生产经营活动更趋于"绿色化"。

完善环境管理制度　积极推进清洁生产

沈永林

（浦东新区环保专家库成员）

环保部正在推行新的环境管理制度，即重点企业清洁生产审核制度。其标志是三个文件的颁发和实施：一是 2004 年国家发展改革委员会和国家环保总局 16 号令《清洁生产审核暂行办法》，明确了开展自愿性和强制性清洁生产审核的基本要求；二是 2005 年国家环保总局制定了 151 号文件《关于印发重点企业清洁生产审核程序的规定的通知》，规定了强制性清洁生产审核的工作程序和要求；三是 2008 年环保部颁发了《关于进一步加强重点企业清洁生产审核工作的通知》，规定了强制性清洁生产审核评估与验收实施程序和要求。为落实文件精神，环保部召开了一系列会议进行了部署。1992 年起，国家环保总局通过国际合作，积极开展清洁生产的基础研究和试点工作，引入了理念，培养了人才，获得了技术，直接支持一批企业完成了审核工作，极大地促进了国内清洁生产工作的开展。在此基础上，为了适应环保新形势、新任务，环保部推出了这项新的环境管理制度。由于这项制度在管理理念上、内容上、方法上与传统的环境管理制度有很大差别，因此，有些环保部门在思想认识上、人员培训上、工作准备上都存在不小差距。笔者接触清洁生产时间较早，结合本市情况谈一些看法。

1. 提高对建立重点企业清洁生产审核制度重要性的认识

可从以下 3 方面理解重点企业清洁生产审核制度的重要性：

① 节能减排的需要

节能减排既是我国当前的紧迫任务，也是今后长远发展过程中需要不断解决的艰巨任务。清洁生产是解决环境污染的一个根本途径，也是落实节能减排的一个重要手段和保证措施，特别是对完成降低污染物排放的任务来说是至关重要的。清洁生产审核是实施清洁生产的前提和基础，是节能减排的重要抓手和切入点。环保部文件界定的重点企业是资源消耗、污染排放较多的重点单位，也是落实节能减排任务的主要对象。对环保部门而言，节能减排工作中任务很多很重，其中重要且紧迫的任务是通过强化重点企业清洁生产审核工作实现有效减排。环保部加快建立重点企业清洁生产审核制度，包括污染控制司更名为污染预防司，反映了国家环保部门强化推行清洁生产即污染预防的管理职能的意愿。笔者曾经考察过发达国家环保部门，由于较好地解决了企业达标和总量控制的问题，他们环保部门的重要职能之一是帮助企业推进清洁生产，为此，投入了大量人力、财力，取得了明显效果。

② 深化环境管理的需要

建立重点企业清洁生产审核制度是环境管理理念、管理内容、管理方法上的重大突破。清洁生产就是持续改进、源头控制的一种思路，强调源头减排、工艺减排和过程减排。从环保部公布需重点审核的有毒有害物质名录分析，许多以前仅从最终处置角度关注的污染物，现在需要考虑源头削减、过程削减，由此扩大了环境管理的范围和内容。传统的企业环境管理，主要通过制定标准或确定总量，以执法形式实现，而现在还要通过开展清洁生产审核的形式来实现全过程控制。企业是推行清洁生产的主体，更需要调动企业推进清洁生产的积极性，否则就无法做好这项工作，为此，政府与企业的关系需要调整，不仅仅是监督与被监督的关系，同时应该建立伙伴关系，管理方法需要调整，在采取法律、行政手段的同时，强化技术、经济等手段，鼓励企业自觉地持续开展清洁生产，不断削减污染物排放。环保部要求重点企业清洁生产审核委托中介机构完成，借助中介机构的技术支持，保证清洁生产审核的规范性和有效性，由此，还产生环保部门对中介机构的管理和指导的问题。

③ 强化环保部门监管职能的需要

《清洁生产促进法》第十七条规定，省、自治区、直辖市人民政府环境保护行政主管部门，应当加强对清洁生产实施的监督。环保部门建立重点企业清洁生产审核制度是落实这一法律条文的有力措施。环保部有关部门曾经组织力量分析一部分自愿性清洁生产审核的案例，发现存在重节能轻减排的倾向，有关审核工作比较粗糙，改进措施不到位。许多情况下，企业全面弄清污染物产生部位和数量，提出有效的降低污染物排放的方案，难度更高，投资更多，风险更大，在我国市场机制和社会法制还不够完善的情况下，如果政府监管不到位，清洁生产审核容易发生走过场，甚至出现虚假的现象。从这一角度分析，通过建立规范的、严格的重点企业清洁生产审核评估、验收制度十分必要。20 世纪 90 年代，在英国支持的上海清洁生产项目过程中，英国专家组多次强调，英国企业开展清洁生产的积极性，很大程度上是由于政府环境部门对企业生产过程建立严格监管制度的情况下形成的。推行清洁生产，政府各部门应分工合作，环保部门应充分发挥环境管理制度和环保法律资源上的优势，如排污许可证就是很好的依法管理形式，发达国家充分运用排污许可证对企业实现了规范、有效的管理，并通过许可证内容的增加和调整，促进企业推进清洁生产。

上海市委、市政府领导多次强调，上海的环保工作要成为全国的表率。本市正在创建国家环保模范城市，重点企业清洁生产审核工作是创模考核内容之一。由于集聚了大量的国际国内优秀企业，而且本市具有较好的工业污染防治和环境管理基础，重点企业清洁生产审核工作完全应该走在全国前列。多年来，在各有关部门共同努力，上海市有相当数量的企业开展了清洁生产审核，包括浦东新区环保局在推行清洁生产方面做的大量工作，积累了较多的经验和案例，为开展重点企业清洁生产审核工作打下了较好的技术和工作基础。

2. 对上海市开展重点企业清洁生产审核工作的建议

上海市建立重点企业清洁生产审核工作制度还需要做许多准备工作，为此建议如下：

① 理顺管理体制，建立工作制度

市、区环保部门应把重点清洁生产审核放在重要的位置上，建立正常的工作制度，落实目标责任制，年初有计划，年中有检查，年末有总结有统计；选择重点企业，要与国家、当地重点工作紧密结合，努力解决当地突出的环境问题；环保部门要根据日常环境管理掌握的情况，对企业审核工作提出具体要求；要充分利用清洁生产审核报告提供的大量信息，为深化污染防治，为强化区域环境管理服务。由于重点企业清洁生产审核工作涉及面较广，环保部门内部各处室之间要衔接好，综合运用各项环境保护法律法规，把公布名单、强制审核、评估验收等工作与许可证管理、限期治理、停产治理、环境应急、环评、污染减排、企业环境信息公开等管理制度有机结合起来。目前，环保部主要分工是，污防司负责指导地方的审核工作，指导省级环保部门拟定并定期公布需强制实施清洁生产审核企业名单，开展审核，配合国家发改委组织拟定国家限期淘汰的生产技术、工艺、设备和产品名录；科技司负责制定标准、指南，指导队伍建设，试点园区等；设在中国环科院的中国清洁生产中心是技术依托单位。同样，重点企业清洁生产审核有关的管理职能需要分别落实到市、区环保局的管理、监测、监察等部门，环保科技管理部门和科技机构应开展清洁生产审核方法学和评估指标体系的研究，加强与经济部门合作，积极开发应用企业清洁生产的过程控制和高效、低耗经济可行的新技术、新工艺、新方法，加强最佳可行技术评价筛选、推广和示范，研究制定重点行业最佳可行技术导则，指导企业采用最优生产方式，降低污染物的排放。设在市环科院的上海市清洁生产中心是市环保局开展清洁生产的技术依托单位，要充分发挥环科院综合科研部门的技术优势，努力为市、区环保部门、企业做好技术、信息、培训等服务，做好重点企业清洁生产审核的评估、验收工作。

② 认真做好环保系统清洁生产培训工作

重点企业清洁生产审核制度是环境管理理念、管理内容、管理方法上的重大突破，对环保管理人员专业知识和业务能力的要求大大提高，需要环保系统有关人员学习和掌握清洁生产的理论和知识，学习有关法规和规范性文件。由于各种原因，许多人员还没有得到过比较系统的培训，没有接触过清洁生产审核报告或者不能较好地理解审核报告的内容，这种状况影响重点清洁生产审核工作的正常开展。因此，建议组织力量编写适合环保管理人员学习的清洁生产培训教材，组织教员去各区县进行对环保系统职工轮训，也可以组织员工参加国家清洁生产审计师培训，或企业清洁生产内训员培训。

③ 积极做好重点企业清洁生产审核经费落实工作

根据环保部要求，重点企业清洁生产审核评估费用由省级发改委、经贸委（经委）、环保厅协调有关部门解决；通过审核评估的企业，其清洁生产审核费用、实施清洁生产项目优先享受地方各级政府固定资产投资、技改资金、清洁生产专项资金使用的支持；通过清洁生产审核阶段验收的企业，各级经济发展部门、财政部门要安排专项资金，予以适当补贴；对于完成清洁生产中/高费方案并通过验收的，其企业的污染减排量应纳入核定的减排总量。目前浦东新区环保部门做得比较好，过去两年已投入大量资金，对推动重点企业和非重点企业清洁生产审核起到了积极作用，浦东新区的做法和经验应推广到其他区。

④ 认真做好重点企业清洁生产审核评估和验收工作

认真做好重点企业清洁生产审核评估和验收工作是防止清洁生产审核变味、走过场的重要措施，一定要认真对待、一丝不苟。这项工作强调通过对审核过程及《清洁生产审核报告》提出的清洁生产实施方案的科学性、合理性、可行性进行评估论证，筛选一批清洁生产方案，为财政资金支持清洁生产提供依据。通过评估、验收工作将促进中介机构的能力建设和清洁生产审核质量的提高。要求建立对清洁生产审核的奖惩措施。验收通过了或没有通过，要有一定的奖惩措施；方案实施了或没有实施，也要有一定的奖惩办法。对评估和验收"不通过"的企业要曝光，不能申请上市；或上市企业中申请再融资项目时，将相关信息向证券监督管理部门、金融机构通报。情节严重的报地方政府给予限期治理和关停的处罚。

集成电路建设的清洁生产探讨

吴国豪

（浦东新区环保专家库成员）

1. 前言

张江高科技工业园区有众多的集成电路生产企业，主要有华虹、宏力、中芯国际等大规模生产线以及开放式集成电路中试线。

发展清洁生产，采用节能、降耗、低污染的无废、少废、无害、少害工艺是促进环境与经济协调发展的根本出路。依靠科技进步发展清洁生产必须从物资投入主导型向科技投入主导型转变，从设计到生产都应特别重视提高资源、能源的利用率以及排放水污染物的减量化。

生产商品和提供服务是工厂企业经管的目的，保障企业经营活动不危害环境也是企业的重要职责。同时，工业污染防治活动涉及生产活动的每一个环节。因此，企业污染防治也是企业发展的重要组成部分，是保障企业健康发展的重要措施。首先，工厂污染防治措施应贯穿在企业生产的全过程，要将污染防治与技术改造、基本建设和企业管理有机地结合起来。其次，工厂发展总体规划的发展目标应把保护环境作为重要目标之一。在规划产品种类、产量、物耗、能耗、生产工艺、设备选择时，要充分考虑环境的因素，坚持经济与环境协调发展。最后，工厂的污染防治应该而且必须纳入企业发展总体规划，在投资、能源和材料的供应、运转费用、人力等方面予以保证。

推行清洁生产，实施废物减量化是当今国际上工业污染预防和企业推行环境保护工作的趋势，符合我国环境保护的现行政策和总体战略目标，是实行源头削减和全过程控制的主要措施和基本发展方向。因此，对拟建项目提出清浊分流、冷却水排水和水处理排水经处理达标后，尽可能回用，或回用于厕所冲洗以及绿化等对水质要求较低的场合，这符合我国政府提倡的清洁生产原则。然而也应看到，拟建项目在正常生产时将产生一些废水和废气污染物。为减少将来污染物排放量、预防环境污染，拟建项目应从工程设计阶段起，制定正常生产时的源头削减计划和废物减量化计划。其中包括降低原材料消耗、节约能源、有毒有害化学品的替代、废物产生的最小量化，以及从设计到生产、消费等重要环节的废物回收和再资源化，使污染减少到最小限度。同时，作为一个先进的企业应当根据 ISO 14000 标准，建立完整的企业环境管理体系，确保废物减量化的目标和阶段实施计划，使拟建项目不仅在生产技术上达到国际先进水平，而且在推行清洁生产和实施废物减量化中也应达到较高水平。

下面以开放式集成电路中试线建设工程为例。

2．工厂的清洁生产

① 工厂产品具有先进性。

② 生产技术具有先进性。

③ 资源和能源利用：

1）利用电或天然气，采用了清洁能源方案。

2）单位产品用水量、单位产品循环用水量、单位产品的能耗、单位产品的物耗等指标难以考核，原因是本项目对产品数量无要求，是开放式集成电路中试线建设工程的特点。本项目首要任务是新技术研发。

3）工业重复用水率与中芯国际、宏力、上海贝岭等企业大致相当。工业用水重复利用率 94%的水平明显高于上海的平均水平。

4）间接冷却水循环利用率与中芯国际、宏力公司、上海贝岭等企业大致相当。间接冷却水循环率 96.6%的水平明显高于上海的平均水平。

5）相对其他集成电路企业，本项目工艺水回用率指标略有欠缺，这与本项目是集成电路中试线项目，以及生产规模较小有关。

6）原辅材料的选取指标与大多数集成电路企业类似。

3．工厂的清洁生产实施建议

开放式集成电路中试线建设工程推荐的清洁生产技术方案由下表给出。

开放式集成电路中试线建设工程清洁生产方案

废物源	废物类型	清洁生产方案
材料采购和保管	不合格材料； 失效化学品； 感光材料； 空桶	材料入库前须检验 按正确的贮存方法保管材料 库房清洁通道畅通 计算机化材料账卡管理 发料采用"先进先出"制度，进货早的先领用，防止过期失效 对材料供应商的质量保证体系认证 根据需要订购材料的数量 循环利用空桶 循环利用废弃感光膜和照相纸 过期材料经检验复用于要求不严的其他工序
清洗	酸/碱废水	使用浮石粉清洗 采用不含络合物的清洗剂 如果生产中必须使用络合物清洗剂，则选用络合性弱的清洗剂 采用空气搅拌、喷淋等改进提高清洗效率 采用逆流清洗 循环使用清洗剂和清洗水
清洗	含有机物清洗废水	正确地设计清洗槽，采用压缩空气或工件移动进行搅拌清洗和良好的操作 采用去离子水清洗 废物回收与循环利用 废水、废液分流 离子交换和电解法回收废水、废液中的重金属 安装节流阀或脚踏开关控制用水 安装光敏电解点装置自动清洗 无工件时停止清洗用水 采用限流装置，如根据 pH 值和压力控制清洗水阀门
蚀刻	废蚀刻液； 废板； 含金属清洗废水	杜绝铅锡镀层厚度不够工艺要求的板子进入蚀刻工序 使用不含螯合物的蚀刻液 采用不含铬的蚀刻液 采用薄铜箔的覆铜板制作印制板 用图形电镀法替代全板电镀 用加成法替代减去法制作印制板 循环和再生复用蚀刻液，如采用电解再生设备，生产线上再生回收循环利用，或采用重结晶法回收硫酸铜 改进提高清洗效率，采用逆流清洗和喷淋清洗 自动控制 pH 和比重，及时补加溶液 连续监控、调整腐蚀速度和溶液活性，减少废品 改进提高清洗效率，采用逆流清洗和喷淋清洗 节约用水，无工件时停止用水 采用限流装置

① 物质回收利用。尤其注意各种物料的回收以及废活性炭的回收，经专业单位处置后，重新投入再生产循环。

② 清污分流。实施雨水、清洁排水和污水、废水分流的收集、处理和排放。

③ 事故处理设施。建设储存设施等，收集事故或非正常排放液体物料或清洗废水。工程设计时要给事故处理系统足够充裕量，事故发生时要能及时利用事故处理系统，需要完善设计。

④ 提高水的重复利用率。由于工艺设备对循环水质量要求高，因此循环水定期排放，不断补充新鲜水，以维持一定的水质指标。该股水排出的水质较好，设计中应考虑循环回用的问题。

⑤ 节水。做好生产用水和排水的统计分析，掌握单位产量正常的用排水量，发现异常即可检查、寻找对策。加强节约用水和计划用水的宣传教育。

⑥ 最佳处理技术。处理工程的技术水平应接近环保部规定的最佳实用处理技术。要求尽量采用规范化处理设备。

⑦ 消除污染转移。废水处理工程必须包括由其产生的气体和固体废物。废水处理造成环境空气和固体废物污染常被有意或无意忽视，例如废气和污泥，污泥非法弃置河道与废水向河道排放同样引起水质污染。

⑧ 技能培训。废水处理前污染物浓度的控制，加强操作人员的技能培训，掌握正常的药品用量和操作规范。

企业在清洁生产过程中节水减排应注意的问题

任周鸣

（浦东新区环保专家库成员）

我国水资源短缺，但工业用水量占总用水量 20%以上，尤其石油、石化、化工、发酵、造纸等行业耗水量很大。所以推广绿色水处理技术，发展工业企业废水回用和"零排放"技术等已成为工业企业节水的核心问题。

企业在清洁生产过程中大多重视节水减排，其主要措施是重复利用工业内部已使用过的水，以实现一水多用。近年来我国工业企业的节水和废水回用事业获得了较大发展，但形势仍然很严峻，有些企业在开展节水减排工作中也存在一些认识上的误区和问题，主要反映在以下几方面。

1．客观评价节水减排对污染物浓度的影响

工业企业实施节水减排措施可明显减少废水量，但不一定能减少排污总量。以石化行业为例，很多企业实施节水减排工作后，废水量下降了，但废水中污染物浓度却增加了，废水处理装置的负担并不会减轻，有的甚至还需要扩建废水处理装置。因此，认为废水量减少，污染物排放量也会相应减少，是一种误解。应根据实际情况进行分析和评价，并采取相应的应对措施，这对进一步开展工业企业节水减排工作很有必要。

2．节水减排应结合行业特点

近年来，为落实国家节能减排要求，各地环保部门纷纷采用各种措施，提高对企业的环境保护要求。但是各行业情况不同，在节水减排方面不能一刀切。例如，石化行业用水量很大，大多数石化企业的冷却水补充水等

水量约占总用水量的 90%，在这样的情况下进行废水回用，虽然需投入很大的资金，但仍能达到节能节水的目的，具有很大的经济效益和社会效益。

所以要求石化企业工业水重复利用率达到 97% 是合理的，也是可以实现的。有的地方要求电镀废水必须回用 50% 以上，而此类企业的废水处理达标也有困难，有时还不得不通过稀释来达标排放，难以实现废水回用。所以对此类企业的废水回用率要根据实际情况来定，不能不切实际来强求，否则会造成废水回用成本大幅提高，不利于整个企业节能降耗。

3. 合理规划的必要性

工业企业要搞好废水回用工作，必须做好充分的调研和合理的规划。应先从源头进行"节水减排"，规划好清污分流和污污分流工作。清污分流后可减轻废水处理的负担，通常也容易实现，大部分工业企业的排水管网在建设时就已实施，有的厂则没有分建，必须进行整改。污污分流对废水处理和回用工作是至关重要的，只有这样才有针对性地分治，将废水分别处理，进而确定经济、有效的废水处理和回用的工艺。

目前，污污不分流的情况普遍存在，这不仅增加了废水处理的负担和难度，而且也给废水回用造成了困难，也会使回用水成本增加。污污分流并不是所有废水都分流，而是将某些难处理的特种废水分流后单独预处理，如将腈纶生产废水中的含氰废水（含大量低聚物和丙烯腈）分流后先进行混凝和内电解；炼油化工企业中的含油废水分流先去除油。此类废水经针对性的预处理后，再进入生化处理装置集中处理，这样可使后续生化处理装置和废水回用处理装置经济、稳定运行。在制定废水回用规划时，还要科学评价废水回用的安全性并采取相应的对策。

有的企业由于没有对废水水质进行充分调研，就匆忙开展废水回用处理，结果再生的回用水不能达到使用要求。也有的企业对回用水水质要求不高，还是选择了超滤工艺等作为深度处理，造成了资金的浪费。工业企业的工业用水系统除了满足生产用水需要外，其水量和水压等方面还应达到消防用水要求。有的企业使用回用水全部或部分取代工业用水后，输水管网没有与消防用水要求相配套，造成了安全方面的隐患，这些都是应该避免的。

4．处理技术与经济效益的平衡

从理论上讲，任何废水都可以处理达到回用水要求，但应考虑技术可行性和经济效益。如炼油化工企业的碱液废水就不适合作回用水源，因废水中含较高的硫化物，经氧化、中和等处理后会产生大量硫酸盐，使处理后的水电导率很高，因硫酸盐浓度不受排放标准限制，只要处理至 COD 达标就可单独排放，如要回用就会大大增加深度处理的难度和成本。

各类废水处理技术都有适用性，其处理效果也是因水质而异的，所以处理技术没有绝对先进的，只有适合的，废水回用处理工艺应根据水质并通过调研和试验来确定。有的企业废水原本就不能达标排放，开展废水回用时，只是简单地增设了深度处理工艺，这必然会增加深度处理的难度，也会增加处理成本。此类情况应先对原有废水处理工艺进行改造和强化，特别是废水预处理环节，在此基础上再确定深度处理工艺。

我国的废水回用起步较晚，可供参考的废水回用标准较少，而且废水回用用户对水质的要求也不同，有的要求较高，如锅炉用水等；有的要求一般，如循环冷却水；有的要求不高，如绿化用水和各类冲洗水。所以回用处理工艺也要根据不同的回用水质要求来选择。应遵循"高水高用""低水低用"的原则。废水回用水用于循环冷却水的较多，也大多进行超滤处理。其实不一定都需这样，因为循环冷却水对 COD、SS 和电导率等并没有很高的要求，适量的氨氮也不会造成明显影响，因为后面还要杀菌处理。

有些二级生化出水水质已很好，在回用水处理时一般只需作过滤和消毒就可，不需作进一步的处理。如果回用原水 Cl^- 高，超滤处理基本无效，需经电渗析或反渗透等处理才能达标，处理成本将很高，对这类水应该尽可能在源头进行分离。

水资源短缺已成为制约我国经济和社会发展的重要因素，特别是工业用水效率总体水平较低。万元工业产值用水量是节约型社会的一项重要指标。目前，我国每万元工业产值取水量约为 $90m^3$，为发达国家的 $3\sim7$ 倍，工业用水重复利用率约 52%，远低于发达国家 80%的水平。在处理技术方面，我国与国外相比并不落后，但发达国家在控制废水源头、工程设计管理理念和自动化程度等具体环节的成功经验，都值得我们学习和借鉴。

用经济杠杆加速浦东环境的提升

——充分发挥浦东新区环保基金在环境建设中的作用

张沛君[1]　　朱陵富[2]

（1. 浦东新区环保市容局；2. 浦东新区环保协会）

2006 年 4 月，浦东新区人民政府向社会颁布了《浦东新区环境保护基金管理办法》的通知，同年发布了《浦东新区环境保护基金实施细则（试用）》（以下分别简称为《办法》与《实施细则》）。自《办法》与《实施细则》发布起至 2008 年的两年多时间内浦东新区共投入环保基金 3 647 万元，集中用于社会企业的节能减排，污染源控制治理、清洁生产、绿色创建、环保宣传教育事业和环保新技术的研发推广运用等方面补贴和奖励，有力地推动了浦东新区环保事业的发展和浦东环境的改善，也有效地发挥政府对社会资金投入环保事业的引导作用。

环保基金的运作取得了明显的环境效益、经济效益和社会效益。据统计，2007—2008 年两年时间，新区政府实际拨付环保基金 3 647 万元，带动社会资金投入环保事业 1.6 亿元左右，是政府环保基金实际拨付额的 5.2 倍。利用这些资金，共完成了 46 个重点污染源治理和扰民污染治理项目，39 个高污染燃烧设施实现了清洁能源替代，实施了 33 家企业清洁生产审核（通过验收 21 家），支持了 3 个环保新技术项目的研发和运用，重点资助了 14 家环保教育基地的建设和日常运转，支持了一批国家级或市级优美乡镇、绿色企业、绿色饭店、绿色学校和无烟尘控制区的创建。仅 2008 年统计，通过环保基金支持的 24 个企业经治理减少排放 COD 2 299 t，减少各类重金属排放 2 552 kg，减少 CO_2 排放 2 794 t。通过清洁生产审核验收的 21 家企业在审核期间共实施无/低费和中/高费方案 597 项，企业共投入项目整改资金 7 200 万元，其中已实施中/高费方案项目 55 个，投入资金 6 595 万元。据统计企业已实施方案可取得年经济效益为 10 213.9 万元。另有 10 个中/高费方案正在或准备实施，预计投入资金 4 837 万元，如实施后经评估预计获得年经济效益 2.07 亿元。同时也取得了较好的环境效益，21 家已完成的实施方案企业年节约自来水 41.59 万 t，减少废水排放 5.40 万 t；节电 1 202.3 万 kW·h，折核节标准煤为 4 007.6 t、折算减少 CO_2 排放 1.05 万 t，减少 SO_2 排放 34.06 t。基金对 21 家企业清洁生产审核补贴为 440 万余元，全部方案实施后预计调动企业资金投入 12 110 万元，用于实施清洁生产方案。还加强了企业节能、降耗、减排的管理，建立了持续清洁生产计划和机制，促进企业的长远发展和环境保护水平的提高。基金合理使用取得了良好的社会效益，首先调动了企业环境保护的积极性，加强节能减排，有利于改善环境质量，最终使公众得到实惠；其次促进公众的环境理念不断提高，由环保基金支持 14 家环保教育基地全年接受教育者 236 批次，受教人数达 13.5 万人次，有些环保教育工作在国外获奖。这些效果的产生，显示了环保基金在加速提升浦东环境水平的经济杠杆作用，也彰显了浦东新区政府设置环保基金在"积极推进浦东新区环境保护和环境建设，提高环境质量"方面的初衷，和"多方统筹、有效引导、重点聚焦、适度资助"原则的合理性。

1.《浦东新区环境保护基金管理办法》产生的背景

2006 年正是浦东新区第三轮环保行动计划的第一年，为了进一步推动浦东第三轮环保行动计划实施，摆在浦东区政府领导和环保工作者面前的一个必须解答的问题是靠环保系统或是政府力量单打独斗，还是调动社会的积极性共同来完成。正值浦东新区开发开放 16 年，在经济快速发展的同时，综合能耗、水耗逐年下降，环境状况持续改善，许多指标位居全国和全市先进水平。还先后荣获"国家环保模范城区""国家园林城区""国家卫生城区"和"中国人居范例奖"等称号。但是环境状况与国际先进城市相比，仍有明显差距，还不能完全满足群众对工作生活环境质量的需要。浦东新区环境保护面临着五大压力：一是经济增长的压力。浦东新区正处于城市化与工业化并进，传统工业与新兴工业并存，传统的资源消耗较高和污染较重的产业还占有相当比例，循环经济尚在形成过程中，经济快速增长产生的环境压力呈现复合型的特点。二是资源供给压力。新区资源禀赋不足，发展依赖资源输入，随着经济总量不断扩张、工作人口和居住人口大量增加，资源供给压力也逐渐明显。三是环境容量压力。新区环境容量有限，城市化和工业化的快速推进，污染物排放总量存在上升压力，对新区整体环境的持续改善形成压力。四是环境安全压力。据分析，传统工业占浦东工业生产总量的半壁江山，环境矛盾与环境突发事件仍处在活跃期，与环境相关的矛盾日益复杂。五是综合管理能力的压力。浦东实行小政府大社会的管理体系，体制机制有其特殊性，如何深化管理，改善管理手段，引导公众参与环境保护不能不是一个重要的课题。五大压力摆在领导和环保工作者面前，需要变压力为动力，实现环境管理机制创新，这是解决矛盾的唯一出路。

在这样的情况下，浦东新区人民政府于 2006 年 5 月出台了《浦东新区人民政府关于进一步加强浦东新区环境保护工作的决定》，决定中明确指出：以科学发展观统领环境保护工作，推进"资源节约型、环境优先型"生态城区建设，促进浦东新区在更高的起点上实现经济、社会与环境的全面协调和可持续发展的战略方针。《决定》强调了环境优先发展方针，强调了浦东创建生态城区，强调了环境目标，强调了经济和社会发展与环境保护相协调的原则，特别是引人注目地强调了"以综合配套改革为动力，健全环境保护管理机制""设立各种激励机制和政策"。其中重要的一条措施是建立多元化的环保投入机制和强化公众参与，明确提出设立浦东新区"环境保护基金"，引导社会参加环境保护，积极探索国家筹资和社会资金共同参与环境保护和环境建设的有效途径。

《浦东新区环境保护基金管理办法》是落实《浦东新区人民政府关于进一步加强浦东新区环境保护工作的决定》的配套政策之一，经过几年的实践，证明是行之有效的办法。

2.《浦东新区环境保护基金管理办法》的基本内容

① 目的和原则

《办法》已作明确规定：根据《浦东新区人民政府关于进一步加强浦

东新区环境保护工作的决定》，贯彻科学发展观，实施"环境优先"发展战略，设立环境保护资金，为规范合理、统筹使用环保基金，有效地发挥对社会资金的投入环保事业的引导作用。这里突出的是"环境优先"原则和"规范合理、统筹使用""引导作用"几个重要词组，突现了政府的决心和主要用意。

环保基金设立的原则是"多方统筹、有效引导、重点聚焦、适度资助。"

多方统筹。即多方筹集资金，集中管理，统一使用。它包括：排污费收入的新区部分；扶持经济发展的专项资金；上级部门投入的环保资金；国内外企事业单位、组织、个人赠（包括实物）、基金专户利息收入、其他等。并由区财政集中统一专户进行会计核算和财务管理。

有效引导。通过基金起到四两拨千斤的经济杠杆作用，引导社会资金投入浦东新区的环境建设，为提高环境质量贡献力量。

重点聚焦。根据浦东新区环境建设的阶段性目标，确定阶段性重点支持项目。就目前阶段看，资金安排用于重点企业污染防控、治理和减排上，不撒"胡椒面"，不搞锦上添花。

适度资助。对企业污染防治、节能减排项目，既不采取全包全揽的方法，也不采取单纯行政、法律手段，而是采取适当补贴、奖励、贴息等经济鼓励方式。例如对重点污染源治理项目给予不超过总投资的30%比例补贴，总额不超过300万元；对环保新技术研究、开发运用项目，根据项目实际投入量，按三年贷款利息给予一次性补贴，总额不超过100万元。为了推动企业、学校、社区等开展绿色创建活动，对于取得国家级、市级的绿色创建单位分别给予不等的奖励等，充分发挥资金的对这类活动的引导作用。

②基金用途的五个方面

1）企业重点污染源污染防治。包括企业污染防治设备的更新、改造、污染企业的关、迁等。

2）环保新技术的研究、开发、运用。包括环保新技术、新产品研发，环保新技术运用，环保新产品应用等。

3）促进重点行业、企业实施清洁生产。

4）环保宣传、教育与交流，包括对环保先进企业和个人进行表彰；

环保教育基地设立；绿色创建工作以及环保学术交流等。

5）其他涉及环保的特需项目。

基金不能用于政府日常管理、机构人员经费、市政环境基础设施建设、绿化生态建设、环境市容整治、固体废弃物的收运处置等项目。

③ 管理机构及职责和编审、监督检查、责任追究等。

建立了由环保、财政、科技、计划、审计等部门组成的环保基金理事会及其办公室，由区政府分管领导担任基金理事长。明确了机构职责，建立了相应的项目计划编审、监督检查、责任追究制度。

3. 坚持三负责原则，充分发挥环保基金的作用

从 2008 年开始，经基金理事会同意决定将环保基金补贴使用的"受理、初审、验收"等具体工作以购买服务方式委托给浦东新区环境保护协会操办，协会对基金会办公室负责，接受基金办公室的监督审查。

环保基金使用操作涉及三个方面，即企业、政府和环境，因此必须坚持对企业负责，对政府负责，对环境负责的原则把好环保基金的使用拨付。为此要求如下：

① 必须建立一套科学的操作程序和实施规定（实施细则），严格按实施规定公开、公平、公正规范操作。其中包括对申请项目的合理性、可行性、工程审计的科学把关。

② 环保基金必须为浦东环境目标服务。根据《办法》，前一个时期基金则重点用于污染源的治理补贴和清洁能源替代项目，但根据浦东第四轮环保三年行动计划和 2010 年左右初步建成生态城区这一目标，基金使用则重点有所变化。其重点逐步向创建生态城区项目偏重。如三个国家级工业园区创建国家级生态示范工业园区，经过基金理事会特别讨论，对在创建中的规划和实施过程中发生的费用给予一定的补贴。同时对开展清洁生产审核的企业给予重点倾斜，对创建绿色企业、学校、小区、家庭、优美乡镇、节水型小区、企业给予重点奖励等。目的是借助资金的激励作用将社会的力量引导到创建生态城区目标上来。

③ 把有限基金用到刀刃上。根据《基金》规定的用途和新区环境实际情况，目前基金主要用于节能减排项目，但以减排为重点，为实现新区

减排目标服务；分散治理与集中治理相结合，以集中治理为重点；工业园区内的企业防治与工业园区外的企业，以工业园区内的企业为补贴重点。如曹路镇有 4 家企业工业污水治理设施需改造，经过镇人民政府协调，4 家企业集中起来上处理设施，基金给予重点支持。对达不到治理效果和不符合要求的项目，严格控制不予补贴，2008 年撤销这类项目立项 10 个。

④ 必须树立服务意识。此项工作中倡导"服务是宗旨，公正是原则"的理念，以引导和凝聚社会力量加速浦东环境建设、实现提高环境质量的目的。因此，要加强操作部门人员教育和监督，强化操作部门的服务意识，建立严格的工作制度，坚持原则，避免讲人情、看关系和无原则的迁就；既要把握好使用关，又要避免人难进、话难说、杜绝以权谋私等情况出现。

⑤ 扩大环保基金的宣传力度。一是要继续加大环保基金使用的宣传力度，要让企业知晓，让基金充分发挥作用。2007 年资金使用目标计划为 4 000 万元，2008 年安排是 4 335 万元，两年目标计划共计为 8 335 万元，但实际完成使用拨付只有 3 647 万元，还达不到计划的一半。这里一个重要的问题是企业的知晓率还不高，2008 年虽然加大宣传，但利用率还不理想。二是社会筹资的宣传力度也不够大，基金的来源还局限于排污费的收缴和区财力上，社会筹资力度明显不足。因此要求使用环保基金既长期不衰，又充分发挥作用，必须加强这两方面的宣传力度。

第三部分

清洁生产有关法规和政策

中华人民共和国清洁生产促进法

（2002 年 6 月 29 日第九届全国人民代表大会常务委员会
第二十八次会议通过）

第一章 总 则

第一条 为了促进清洁生产，提高资源利用效率，减少和避免污染物的产生，保护和改善环境，保障人体健康，促进经济与社会可持续发展，制定本法。

第二条 本法所称清洁生产，是指不断采取改进设计、使用清洁的能源和原料、采用先进的工艺技术与设备、改善管理、综合利用等措施，从源头削减污染，提高资源利用效率，减少或者避免生产、服务和产品使用过程中污染物的产生和排放，以减轻或者消除对人类健康和环境的危害。

第三条 在中华人民共和国领域内，从事生产和服务活动的单位以及从事相关管理活动的部门依照本法规定，组织、实施清洁生产。

第四条 国家鼓励和促进清洁生产。国务院和县级以上地方人民政府，应当将清洁生产纳入国民经济和社会发展计划以及环境保护、资源利用、产业发展、区域开发等规划。

第五条 国务院经济贸易行政主管部门负责组织、协调全国的清洁生产促进工作。国务院环境保护、计划、科学技术、农业、建设、水利和质量技术监督等行政主管部门，按照各自的职责，负责有关的清洁生产促进工作。

县级以上地方人民政府负责领导本行政区域内的清洁生产促进工作。

县级以上地方人民政府经济贸易行政主管部门负责组织、协调本行政区域内的清洁生产促进工作。县级以上地方人民政府环境保护、计划、科学技术、农业、建设、水利和质量技术监督等行政主管部门，按照各自的职责，负责有关的清洁生产促进工作。

第六条　国家鼓励开展有关清洁生产的科学研究、技术开发和国际合作，组织宣传、普及清洁生产知识，推广清洁生产技术。

国家鼓励社会团体和公众参与清洁生产的宣传、教育、推广、实施及监督。

第二章　清洁生产的推行

第七条　国务院应当制定有利于实施清洁生产的财政税收政策。

国务院及其有关行政主管部门和省、自治区、直辖市人民政府，应当制定有利于实施清洁生产的产业政策、技术开发和推广政策。

第八条　县级以上人民政府经济贸易行政主管部门，应当会同环境保护、计划、科学技术、农业、建设、水利等有关行政主管部门制定清洁生产的推行规划。

第九条　县级以上地方人民政府应当合理规划本行政区域的经济布局，调整产业结构，发展循环经济，促进企业在资源和废物综合利用等领域进行合作，实现资源的高效利用和循环使用。

第十条　国务院和省、自治区、直辖市人民政府的经济贸易、环境保护、计划、科学技术、农业等有关行政主管部门，应当组织和支持建立清洁生产信息系统和技术咨询服务体系，向社会提供有关清洁生产方法和技术、可再生利用的废物供求以及清洁生产政策等方面的信息和服务。

第十一条　国务院经济贸易行政主管部门会同国务院有关行政主管部门定期发布清洁生产技术、工艺、设备和产品导向目录。

国务院和省、自治区、直辖市人民政府的经济贸易行政主管部门和环境保护、农业、建设等有关行政主管部门组织编制有关行业或者地区的清洁生产指南和技术手册，指导实施清洁生产。

第十二条　国家对浪费资源和严重污染环境的落后生产技术、工艺、设备和产品实行限期淘汰制度。国务院经济贸易行政主管部门会同国务院有关行政主管部门制定并发布限期淘汰的生产技术、工艺、设备以及产品的名录。

第十三条　国务院有关行政主管部门可以根据需要批准设立节能、节水、废物再生利用等环境与资源保护方面的产品标志，并按照国家规定制定相应标准。

第十四条　县级以上人民政府科学技术行政主管部门和其他有关行政主管部门，应当指导和支持清洁生产技术和有利于环境与资源保护的产品的研究、开发以及清洁生产技术的示范和推广工作。

第十五条　国务院教育行政主管部门，应当将清洁生产技术和管理课程纳入有关高等教育、职业教育和技术培训体系。

县级以上人民政府有关行政主管部门组织开展清洁生产的宣传和培训，提高国家工作人员、企业经营管理者和公众的清洁生产意识，培养清洁生产管理和技术人员。

新闻出版、广播影视、文化等单位和有关社会团体，应当发挥各自优势做好清洁生产宣传工作。

第十六条　各级人民政府应当优先采购节能、节水、废物再生利用等有利于环境与资源保护的产品。

各级人民政府应当通过宣传、教育等措施，鼓励公众购买和使用节能、节水、废物再生利用等有利于环境与资源保护的产品。

第十七条　省、自治区、直辖市人民政府环境保护行政主管部门，应当加强对清洁生产实施的监督；可以按照促进清洁生产的需要，根据企业污染物的排放情况，在当地主要媒体上定期公布污染物超标排放或者污染物排放总量超过规定限额的污染严重企业的名单，为公众监督企业实施清洁生产提供依据。

第三章　清洁生产的实施

第十八条　新建、改建和扩建项目应当进行环境影响评价，对原料使用、资源消耗、资源综合利用以及污染物产生与处置等进行分析论证，优先采用资源利用率高以及污染物产生量少的清洁生产技术、工艺和设备。

第十九条　企业在进行技术改造过程中，应当采取以下清洁生产措施：

（一）采用无毒、无害或者低毒、低害的原料，替代毒性大、危害严重的原料；

（二）采用资源利用率高、污染物产生量少的工艺和设备，替代资源利用率低、污染物产生量多的工艺和设备；

（三）对生产过程中产生的废物、废水和余热等进行综合利用或者循环使用；

（四）采用能够达到国家或者地方规定的污染物排放标准和污染物排放总量控制指标的污染防治技术。

第二十条　产品和包装物的设计，应当考虑其在生命周期中对人类健康和环境的影响，优先选择无毒、无害、易于降解或者便于回收利用的方案。

企业应当对产品进行合理包装，减少包装材料的过度使用和包装性废物的产生。

第二十一条　生产大型机电设备、机动运输工具以及国务院经济贸易行政主管部门指定的其他产品的企业，应当按照国务院标准化行政主管部门或者其授权机构制定的技术规范，在产品的主体构件上注明材料成分的标准牌号。

第二十二条　农业生产者应当科学地使用化肥、农药、农用薄膜和饲料添加剂，改进种植和养殖技术，实现农产品的优质、无害和农业生产废物的资源化，防止农业环境污染。

禁止将有毒、有害废物用作肥料或者用于造田。

第二十三条　餐饮、娱乐、宾馆等服务性企业，应当采用节能、节水和其他有利于环境保护的技术和设备，减少使用或者不使用浪费资源、污染环境的消费品。

第二十四条　建筑工程应当采用节能、节水等有利于环境与资源保护的建筑设计方案、建筑和装修材料、建筑构配件及设备。

建筑和装修材料必须符合国家标准。禁止生产、销售和使用有毒、有害物质超过国家标准的建筑和装修材料。

第二十五条 矿产资源的勘查、开采，应当采用有利于合理利用资源、保护环境和防止污染的勘查、开采方法和工艺技术，提高资源利用水平。

第二十六条 企业应当在经济技术可行的条件下对生产和服务过程中产生的废物、余热等自行回收利用或者转让给有条件的其他企业和个人利用。

第二十七条 生产、销售被列入强制回收目录的产品和包装物的企业，必须在产品报废和包装物使用后对该产品和包装物进行回收。强制回收的产品和包装物的目录和具体回收办法，由国务院经济贸易行政主管部门制定。

国家对列入强制回收目录的产品和包装物，实行有利于回收利用的经济措施；县级以上地方人民政府经济贸易行政主管部门应当定期检查强制回收产品和包装物的实施情况，并及时向社会公布检查结果。具体办法由国务院经济贸易行政主管部门制定。

第二十八条 企业应当对生产和服务过程中的资源消耗以及废物的产生情况进行监测，并根据需要对生产和服务实施清洁生产审核。

污染物排放超过国家和地方规定的排放标准或者超过经有关地方人民政府核定的污染物排放总量控制指标的企业，应当实施清洁生产审核。

使用有毒、有害原料进行生产或者在生产中排放有毒、有害物质的企业，应当定期实施清洁生产审核，并将审核结果报告所在地的县级以上地方人民政府环境保护行政主管部门和经济贸易行政主管部门。

清洁生产审核办法，由国务院经济贸易行政主管部门会同国务院环境保护行政主管部门制定。

第二十九条 企业在污染物排放达到国家和地方规定的排放标准的基础上，可以自愿与有管辖权的经济贸易行政主管部门和环境保护行政主管部门签订进一步节约资源、削减污染物排放量的协议。该经济贸易行政主管部门和环境保护行政主管部门应当在当地主要媒体上公布该企业的名称以及节约资源、防治污染的成果。

第三十条 企业可以根据自愿原则，按照国家有关环境管理体系认证的规定，向国家认证认可监督管理部门授权的认证机构提出认证申请，通过环境管理体系认证，提高清洁生产水平。

第三十一条　根据本法第十七条规定，列入污染严重企业名单的企业，应当按照国务院环境保护行政主管部门的规定公布主要污染物的排放情况，接受公众监督。

第四章　鼓励措施

第三十二条　国家建立清洁生产表彰奖励制度。对在清洁生产工作中做出显著成绩的单位和个人，由人民政府给予表彰和奖励。

第三十三条　对从事清洁生产研究、示范和培训，实施国家清洁生产重点技术改造项目和本法第二十九条规定的自愿削减污染物排放协议中载明的技术改造项目，列入国务院和县级以上地方人民政府同级财政安排的有关技术进步专项资金的扶持范围。

第三十四条　在依照国家规定设立的中小企业发展基金中，应当根据需要安排适当数额用于支持中小企业实施清洁生产。

第三十五条　对利用废物生产产品的和从废物中回收原料的，税务机关按照国家有关规定，减征或者免征增值税。

第三十六条　企业用于清洁生产审核和培训的费用，可以列入企业经营成本。

第五章　法律责任

第三十七条　违反本法第二十一条规定，未标注产品材料的成分或者不如实标注的，由县级以上地方人民政府质量技术监督行政主管部门责令限期改正；拒不改正的，处以五万元以下的罚款。

第三十八条　违反本法第二十四条第二款规定，生产、销售有毒、有害物质超过国家标准的建筑和装修材料的，依照产品质量法和有关民事、刑事法律的规定，追究行政、民事、刑事法律责任。

第三十九条　违反本法第二十七条第一款规定，不履行产品或者包装物回收义务的，由县级以上地方人民政府经济贸易行政主管部门责令限期改正；拒不改正的，处以十万元以下的罚款。

第四十条 违反本法第二十八条第三款规定，不实施清洁生产审核或者虽经审核但不如实报告审核结果的，由县级以上地方人民政府环境保护行政主管部门责令限期改正；拒不改正的，处以十万元以下的罚款。

第四十一条 违反本法第三十一条规定，不公布或者未按规定要求公布污染物排放情况的，由县级以上地方人民政府环境保护行政主管部门公布，可以并处十万元以下的罚款。

第六章 附 则

第四十二条 本法自 2003 年 1 月 1 日起施行。

清洁生产审核暂行办法

（国家发展和改革委员会 国家环境保护总局 2004-08-16）

第一章 总 则

第一条 为促进清洁生产，规范清洁生产审核行为，根据《中华人民共和国清洁生产促进法》，制定本办法。

第二条 本办法所称清洁生产审核，是指按照一定程序，对生产和服务过程进行调查和诊断，找出能耗高、物耗高、污染重的原因，提出减少有毒、有害物料的使用、产生，降低能耗、物耗以及废物产生的方案，进而选定技术经济及环境可行的清洁生产方案的过程。

第三条 本办法适用于中华人民共和国境内所有从事生产和服务活动的单位以及从事相关管理活动的部门。

第四条 国家发展和改革委员会会同国家环境保护总局负责管理全国的清洁生产审核工作。各省、自治区、直辖市、计划单列市及新疆生产建设兵团发展改革（经济贸易）行政主管部门会同环境保护行政主管部门，根据本地区实际情况，组织开展清洁生产审核。

第五条 清洁生产审核应当以企业为主体，遵循企业自愿审核与国家强制审核相结合、企业自主审核与外部协助审核相结合的原则，因地制宜、有序开展、注重实效。

第二章　清洁生产审核范围

第六条　清洁生产审核分为自愿性审核和强制性审核。

第七条　国家鼓励企业自愿开展清洁生产审核。污染物排放达到国家或者地方排放标准的企业，可以自愿组织实施清洁生产审核，提出进一步节约资源、削减污染物排放量的目标。

第八条　有下列情况之一的，应当实施强制性清洁生产审核：

（一）污染物排放超过国家和地方排放标准，或者污染物排放总量超过地方人民政府核定的排放总量控制指标的污染严重企业；

（二）使用有毒、有害原料进行生产或者在生产中排放有毒、有害物质的企业。

有毒、有害原料或者物质主要指《危险货物品名表》（GB 12268）、《危险化学品名录》、《国家危险废物名录》和《剧毒化学品目录》中的剧毒、强腐蚀性、强刺激性、放射性（不包括核电设施和军工核设施）、致癌、致畸等物质。

第九条　第八条第一项规定实施强制性清洁生产审核的企业名单，由所在地环境保护行政主管部门按照管理权限提出初选名单，逐级报省、自治区、直辖市、计划单列市及新疆生产建设兵团环境保护行政主管部门核定后确定，每年发布一批，书面通知企业，并抄送同级发展改革（经济贸易）行政主管部门；同时，将名单在当地主要媒体上公布。

第八条第二项规定实施强制性清洁生产审核的企业名单，由各省、自治区、直辖市、计划单列市及新疆生产建设兵团环境保护行政主管部门会同发展改革（经济贸易）行政主管部门，结合本地开展清洁生产审核工作的实际情况，在分析企业有毒、有害原料使用量或者有毒、有害物质排放量，以及可能造成环境影响严重程度的基础上，分期分批确定，书面通知企业，并在当地主要媒体上公布。

第三章　清洁生产审核的实施

第十条　第八条第一项规定实施强制性清洁生产审核的企业，应当在名单公布后一个月内，在所在地主要媒体上公布主要污染物排放情况。公布的主要内容应当包括：企业名称、法人代表、企业所在地址、排放污染物名称、排放方式、排放浓度和总量、超标、超总量情况。省级以下环境保护行政主管部门按照管理权限对企业公布的主要污染物排放情况进行核查。

第十一条　列入实施强制性清洁生产审核名单的企业应当在名单公布后2个月内开展清洁生产审核。

第八条第二项规定实施强制性清洁生产审核的企业，两次审核的间隔时间不得超过五年。

第十二条　自愿实施清洁生产审核的企业可以向发展改革（经济贸易）行政主管部门和环境保护行政主管部门提供拟进行清洁生产审核的计划，并按照清洁生产审核计划的内容、程序组织清洁生产审核。

第十三条　清洁生产审核程序原则上包括审核准备，预审核，审核，实施方案的产生、筛选和确定，编写清洁生产审核报告等。

（一）审核准备。开展培训和宣传，成立由企业管理人员和技术人员组成的清洁生产审核工作小组，制定工作计划；

（二）预审核。在对企业基本情况进行全面调查的基础上，通过定性和定量分析，确定清洁生产审核重点和企业清洁生产目标；

（三）审核。通过对生产和服务过程的投入产出进行分析，建立物料平衡、水平衡、资源平衡以及污染因子平衡，找出物料流失、资源浪费环节和污染物产生的原因；

（四）实施方案的产生和筛选。对物料流失、资源浪费、污染物产生和排放进行分析，提出清洁生产实施方案，并进行方案的初步筛选；

（五）实施方案的确定。对初步筛选的清洁生产方案进行技术、经济和环境可行性分析，确定企业拟实施的清洁生产方案；

（六）编写清洁生产审核报告。清洁生产审核报告应当包括企业基本情况、清洁生产审核过程和结果、清洁生产方案汇总和效益预测分析、清洁生产方案实施计划等。

第四章　清洁生产审核的组织和管理

第十四条　清洁生产审核以企业自行组织开展为主。不具备独立开展清洁生产审核能力的企业，可以委托行业协会、清洁生产中心、工程咨询单位等咨询服务机构协助组织开展清洁生产审核。

第十五条　协助企业组织开展清洁生产审核工作的咨询服务机构，应当具备下列条件：

（一）具有独立的法人资格；

（二）拥有熟悉相关行业生产工艺、技术和污染防治管理，了解清洁生产知识，掌握清洁生产审核程序的技术人员；

（三）具备为企业清洁生产审核提供公平、公正、高效服务的制度措施。

第十六条　列入实施强制性清洁生产审核名单的企业应当在名单公布之日起一年内，将清洁生产审核报告报当地环境保护行政主管部门和发展改革（经济贸易）行政主管部门。中央直属企业应当将清洁生产审核报告报送当地环境保护和发展改革（经济贸易）行政主管部门，同时抄报国家环境保护总局和国家发展和改革委员会。

第十七条　自愿开展清洁生产审核的企业，可以参照本办法第十六条规定报送清洁生产审核报告。

第十八条　各级发展改革（经济贸易）行政主管部门和环境保护行政主管部门，应当积极指导和督促企业按照清洁生产审核报告中提出的实施计划，组织和落实清洁生产实施方案。

第十九条　各级发展改革（经济贸易）行政主管部门、环境保护行政主管部门以及咨询服务机构应当为实施清洁生产审核的企业保守技术和商业秘密。

第二十条　国家发展和改革委员会会同国家环境保护总局建立国家级清洁生产专家库，发布重点行业清洁生产技术导向目录和行业清洁生产审核指南，组织开展清洁生产培训，为企业开展清洁生产审核提供信息和技术支持。

地方各级发展改革（经济贸易）行政主管部门会同环境保护行政主管部门可以根据本地实际情况，组织开展清洁生产审核培训，建立地方清洁生产专家库。

第五章　奖励和处罚

第二十一条　对自愿实施清洁生产审核，以及清洁生产方案实施后成效显著的企业，由省级以上发展改革（经济贸易）和环境保护行政主管部门对其进行表彰，并在当地主要媒体上公布。

第二十二条　各级发展改革（经济贸易）行政主管部门在制定和实施国家重点投资计划和地方投资计划时，应当将企业清洁生产实施方案中的节能、节水、综合利用，提高资源利用率，预防污染等清洁生产项目列为重点领域，加大投资支持力度。

第二十三条　排污收费可以用于支持企业实施清洁生产。对符合《排污费征收使用管理条例》规定的清洁生产项目，各级财政部门、环保部门在排污费使用上优先给予安排。

第二十四条　中小企业发展基金应当根据需要安排适当数额用于支持中小企业实施清洁生产。

第二十五条　企业开展清洁生产审核的费用，允许列入企业经营成本或者相关费用科目。

第二十六条　企业可以根据实际情况建立企业内部清洁生产表彰奖励制度，对清洁生产审核工作中成效显著的人员，给予一定的奖励。

第二十七条　对违反第十条规定的企业按《中华人民共和国清洁生产促进法》第四十一条规定处罚；对第八条第二项规定的企业，违反第十六条规定的，按照《中华人民共和国清洁生产促进法》第四十条规定处罚。

第二十八条　企业委托的咨询服务机构不按照规定内容、程序进行清洁生产审核，弄虚作假、提供虚假审核报告的，由省、自治区、直辖市、计划单列市及新疆生产建设兵团发展改革（经济贸易）部门会同环境保护行政主管部门责令其改正，并公布其名单。造成严重后果的，将追究其法律责任。

第二十九条 有关发展改革（经济贸易）行政主管部门和环境保护行政主管部门的工作人员玩忽职守，泄露企业技术和商业秘密，造成企业经济损失的，按照国家相应法律法规予以处罚。

第六章 附 则

第三十条 本办法由国家发展和改革委员会和国家环境保护总局负责解释。

第三十一条 各省、自治区、直辖市、计划单列市及新疆生产建设兵团可以依照本办法制定实施细则。

第三十二条 军工企业清洁生产审核可以参照本办法执行。

第三十三条 本办法自 2004 年 10 月 1 日起施行。

关于印发重点企业清洁生产审核程序的规定的通知

（国家环境保护总局　环发[2005]151 号）

各省、自治区、直辖市、计划单列市环境保护局（厅）：

　　为规范有序地开展全国重点企业清洁生产审核工作，根据《中华人民共和国清洁生产促进法》、《清洁生产审核暂行办法》（国家发展和改革委员会、国家环境保护总局令第 16 号）的规定，我局制定了《重点企业清洁生产审核程序的规定》。现印发给你们，请遵照执行。

　　附件：1. 重点企业清洁生产审核程序的规定

　　　　　2. 需重点审核的有毒有害物质名录（第一批）

2005 年 12 月 13 日

附件 1：

重点企业清洁生产审核程序的规定

　　第一条　为规范清洁生产审核工作，根据《中华人民共和国清洁生产促进法》和《清洁生产审核暂行办法》（国家发展和改革委员会、国家环保总局令第 16 号令）的规定制定本规定。

　　第二条　本规定所称重点企业是指《中华人民共和国清洁生产促进法》第 28 条第二款、第三款规定应当实施清洁生产审核的企业，包括：

　　（一）污染物超标排放或者污染物排放总量超过规定限额的污染严重企业（以下简称"第一类重点企业"）。

（二）生产中使用或排放有毒有害物质的企业（有毒有害物质是指被列入《危险货物品名表》（GB 12268）、《危险化学品名录》、《国家危险废物名录》和《剧毒化学品目录》中的剧毒、强腐蚀性、强刺激性、放射性（不包括核电设施和军工核设施）、致癌、致畸等物质，以下简称"第二类重点企业"）。

第三条　国家环保总局将根据各地环境污染状况以及开展清洁生产审核工作的实际情况，在分析企业有毒有害物质使用或排放情况，以及可能造成环境影响严重程度的基础上，分期分批公布《需重点审核的有毒有害物质名录》（以下简称《名录》）。

第四条　第一类重点企业名单的确定及公布程序：

（一）按照管理权限，由企业所在地县级以上环境保护行政主管部门根据日常监督检查的情况，提出本辖区内应当实施清洁生产审核企业的初选名单，附环境监测机构出具的监测报告或有毒有害原辅料进货凭证、分析报告，将初选名单及企业基本情况报送设区的市级环境保护行政主管部门；

（二）设区的市级环境保护行政主管部门对初选企业情况进行核实后，报上一级环境保护行政主管部门；

（三）各省、自治区、直辖市、计划单列市环境保护行政主管部门按照《清洁生产促进法》的规定，对企业名单确定后，在当地主要媒体公布应当实施清洁生产审核企业的名单。公布的内容应包括：企业名称、企业注册地址（生产车间不在注册地的要公布其所在地地址）、类型（第一类重点企业或第二类重点企业）。企业所在地环境保护行政主管部门在名单公布后，依据管理权限书面通知企业。

第二类重点企业名单的确定及公布程序，由各级环境保护行政主管部门会同同级相关行政主管部门参照上述规定执行。

第五条　列入公布名单的第一类重点企业，应在名单公布后一个月内，在当地主要媒体公布其主要污染物的排放情况，接受公众监督。公布的内容应包括：企业名称、规模；法人代表、企业注册地址和生产地址；主要原辅材料（包括燃料）消耗情况；主要产品名称、产量；主要污染物名称、排放方式、去向、污染物浓度和排放总量、应执行的排放标准、规定的总量限额以及排污费缴纳情况等。

第六条　重点企业的清洁生产审核工作可以由企业自行组织开展，或委托相应的中介机构完成。

自行组织开展清洁生产审核的企业应在名单公布后 45 个工作日之内，将审核计划、审核组织、人员的基本情况报当地环境保护行政主管部门。

委托中介机构进行清洁生产审核的企业应在名单公布后 45 个工作日之内，将审核机构的基本情况及能证明清洁生产审核技术服务合同签订时间和履行合同期限的材料报当地环境保护行政主管部门。

上述企业应在名单公布后两个月内开始清洁生产审核工作，并在名单公布后一年内完成。第二类重点企业每隔五年至少应实施一次审核。

对未按上述规定执行清洁生产审核的重点企业，由其所在地的省、自治区、直辖市、计划单列市环境保护行政主管部门责令其开展强制性清洁生产审核，并按期提交清洁生产审核报告。

第七条　自行组织开展清洁生产审核的企业应具有 5 名以上经国家培训合格的清洁生产审核人员并有相应的工作经验，其中至少有 1 名人员具备高级职称并有 5 年以上企业清洁生产审核经历。

第八条　为企业提供清洁生产审核服务的中介机构应符合下述基本条件：

（一）具有法人资格，具有健全的内部管理规章制度。具备为企业清洁生产审核提供公平、公正、高效率服务的质量保证体系；

（二）具有固定的工作场所和相应工作条件，具备文件和图表的数字化处理能力，具有档案管理系统；

（三）有 2 名以上高级职称、5 名以上中级职称并经国家培训合格的清洁生产审核人员；

（四）应当熟悉相应法律、法规及技术规范、标准，熟悉相关行业生产工艺、污染防治技术，有能力分析、审核企业提供的技术报告、监测数据，能够独立完成工艺流程的技术分析、进行物料平衡、能量平衡计算，能够独立开展相关行业清洁生产审核工作和编写审核报告；

（五）无触犯法律、造成严重后果的记录；未处于因提供低质量或者虚假审核报告等被责令整顿期间。

第九条　企业完成清洁生产审核后，应将审核结果报告所在地的县级以上地方人民政府环境保护行政主管部门，同时抄报省、自治区、直辖市、计划单列市环境保护行政主管部门及同级发展改革（经济贸易）行政主管部门。

各省、自治区、直辖市、计划单列市环境保护行政主管部门应组织或委托有关单位，对重点企业的清洁生产审核结果进行评审验收。

国家环保总局组织或委托有关单位，对环境影响超越省级行政界区企业的清洁生产审核结果进行抽查。

第十条　各级环境保护行政主管部门应当积极指导和督促企业完成清洁生产实施方案。每年 12 月 31 日之前，各省、自治区、直辖市、计划单列市环境保护行政主管部门应将本行政区域内清洁生产审核情况以及下年度的重点地区、重点企业清洁生产审核计划报送国家环保总局，并抄报国家发展和改革委员会。

国家环保总局会同相关行政主管部门定期对重点企业清洁生产审核的实施情况进行监督和检查。

第十一条　对在清洁生产审核工作中取得成绩的企业、部门、机构和个人，按照有关规定，可享受相关鼓励政策或给予一定的奖励。

第十二条　有关其他奖惩等本规定未明确事宜，按照《清洁生产审核暂行办法》执行。新疆生产建设兵团环保局可以参照本规定执行。本规定由国家环保总局负责解释，自发布之日起实施。

附件 2：

需重点审核的有毒有害物质名录（第一批）

序号	物质类别	物质来源
1	医药废物	医用药品的生产制作
2	染料、涂料废物	油墨、染料、颜料、油漆、真漆、罩光漆的生产配制和使用
3	有机树脂类废物	树脂、胶乳、增塑剂、胶水/胶合剂的生产、配制和使用
4	表面处理废物	金属和塑料表面处理
5	含铍废物	稀有金属冶炼及铍化合物生产
6	含铬废物	化工（铬化合物）生产；皮革加工（鞣革）；金属、塑料电镀；酸性媒介染料染色；颜料生产与使用；金属铬冶炼（修合金）；表面钝化（电解锰等）
7	含铜废物	有色金属采选和冶炼；金属、塑料电镀；铜化合物生产
8	含锌废物	有色金属采选及冶炼；金属、塑料电镀；颜料、油漆、橡胶加工；锌化合物生产；含锌电池制造业
9	含砷废物	有色金属采选及冶炼；砷及其化合物的生产；石油化工；农药生产；染料和制革业
10	含硒废物	有色金属冶炼及电解；硒化合物生产；颜料、橡胶、玻璃生产
11	含镉废物	有色金属采选及冶炼；镉化合物生产；电池制造；电镀
12	含锑废物	有色金属冶炼；锑化合物生产和使用
13	含硫废物	有色金属冶炼及电解；硫化合物生产和使用
14	含汞废物	化学工业含汞催化剂制造与使用；含汞电池制造；汞冶炼及汞回收；有机汞和无机汞化合物生产；农药及制药；荧光屏及汞灯制造及使用；含汞玻璃计器制造及使用；汞法烧碱生产
15	含铊废物	有色金属冶炼及农药生产；铊化合物生产及使用
16	含铅废物	铅冶炼及电解；铅（酸）蓄电池生产；铅铸造及制品生产；铅化合物制造和使用
17	无机氰化物废物	金属制品业；电镀业和电子零件制造业；金矿开采与筛选；首饰加工的化学抛光工艺；其他生产过程
18	有机氰化物废物	合成、缩合等反应；催化、精馏、过滤过程
19	含酚废物	石油、化工、煤气生产
20	废卤化有机溶剂	塑料橡胶制品制造；电子零件清洗；化工产品制造；印染涂料调配
21	废有机溶剂	塑料橡胶制品制造；电子零件清洗；化工产品制造；印染染料调配
22	含镍废物	镍化合物生产；电镀工艺
23	含钡废物	钡化合物生产；热处理工艺
24	无机氟化物废物	电解铝生产；其他金属冶炼

关于进一步加强重点企业清洁生产审核工作的通知

（环境保护部　环发[2008]60 号）

各省、自治区、直辖市环境保护局（厅），新疆生产建设兵团环境保护局：

当前，全国污染减排任务十分艰巨。国务院颁布的《节能减排综合性工作方案》对推行清洁生产工作提出明确要求，原国家环保总局印发的《"十一五"主要污染物总量减排核查办法（试行）》和《主要污染物总量减排核查细则（试行）》，明确规定了通过清洁生产核算化学需氧量（COD）、二氧化硫（SO_2）总量减排量的办法。为进一步发挥清洁生产在污染减排工作中的重要作用，加强重点企业的清洁生产审核工作，现通知如下：

一、明确环保部门在重点企业清洁生产审核工作中的职责和作用

清洁生产审核是实施清洁生产的前提和基础，督促重点企业实施强制性清洁生产审核，有效促进污染减排目标的实现，是环保部门的职责和任务。各级环保部门要依照《清洁生产促进法》的规定，监督污染物排放超过国家和地方规定的排放标准或者超过经有关地方人民政府核定的污染物排放总量控制指标的企业（通称"双超"企业），以及使用有毒、有害原料进行生产或者在生产中排放有毒、有害物质的企业（通称"双有"企业，需重点审核的有毒有害物质名录见附件一及原国家环保总局环发[2005]151 号文），实施强制性清洁生产审核。

各省（自治区、直辖市）及新疆生产建设兵团环境保护局（厅）要按照原国家环保总局《关于印发重点企业清洁生产审核程序的规定的通知》（环发[2005]151 号）要求公布重点企业名单，督促企业按期实施清洁生产审核，组织对重点企业清洁生产审核评估、验收，促进污染减排目标的完

成。各地公布的重点企业名单和数量，要充分满足当地主要污染物减排计划和指标的要求。地方环保部门应将重点企业清洁生产审核工作纳入当地政府年度考核体系，积极推进重点企业清洁生产审核工作的开展。

"十一五"期间，地方各级环保部门要围绕火电、钢铁、有色、电镀、造纸、建材、石化、化工、制药、食品、酿造、印染等重污染行业和"三河三湖"等重点流域，加快推进强制性清洁生产审核。各地也可以根据污染减排工作的需要，将国家、省级环保部门确定的污染减排重点污染源企业纳入强制性清洁生产审核的范围。

二、抓好重点企业清洁生产审核、评估和验收

我部监督和管理全国重点企业强制性清洁生产审核、评估和验收工作，将逐步建立重点企业清洁生产审核公报制度。

各省（自治区、直辖市）及新疆生产建设兵团环境保护局（厅）要按照《重点企业清洁生产审核评估、验收实施指南》（见附件二）的要求，开展重点企业强制性清洁生产审核评估与验收工作，并以此作为核算清洁生产形成的 COD、SO_2 减排量各项参数的依据。

各省（自治区、直辖市）及新疆生产建设兵团环境保护局（厅）应于每年 3 月 31 日之前将本辖区内重点企业清洁生产审核、评估与验收工作的情况报送我部。

三、加强清洁生产审核与现有环境管理制度的结合

各级环保部门要加强清洁生产审核与现有环境管理制度的结合。新、改、扩建项目进行环境影响评价时要考虑清洁生产的相关要求；限期治理企业应同时进行强制性清洁生产审核，并通过评估、验收；通过清洁生产审核评估、验收的企业，其清洁生产审核结果应作为核准排污许可证载明的排污量的依据。未能按期完成减排任务的企业，要实行强制性清洁生产审核，确保完成减排任务。

四、规范管理清洁生产审核咨询机构，提高审核质量

各省（自治区、直辖市）及新疆生产建设兵团环境保护局（厅）要加

强对清洁生产审核咨询机构及人员的管理。清洁生产审核咨询机构应按照机构申请、专家评审、省级环保部门推荐、对外公示的程序确定。

对清洁生产审核咨询机构进行定期评审，表彰优秀的清洁生产审核咨询机构。评审内容可包括咨询机构履行合同情况，在清洁生产审核各阶段所起的作用，根据物料、水平衡和能量平衡发现企业清洁生产潜力，独立提出清洁生产方案的能力及清洁生产审核绩效评估。发现咨询机构不按规定内容、程序进行清洁生产审核，弄虚作假，或者技术服务能力达不到要求的，在两年内不得开展企业清洁生产审核咨询服务，并在当地主要媒体上公告。

五、重点企业清洁生产审核的奖惩措施

企业通过清洁生产审核评估，其清洁生产审核费用、实施清洁生产方案费用优先享受地方各级政府固定资产投资、技改资金、清洁生产专项资金、污染减排专项资金和环保专项资金的支持。

对公布应开展强制性清洁生产审核的企业，拒不开展清洁生产审核、不申请评估、验收或评估、验收"不通过"的，视情况由省级环保部门在地方主要媒体公开曝光，要求其重新进行清洁生产审核、评估和验收，并依法进行处罚。

我部将组织对全国重点企业清洁生产审核工作的督导和抽查。对未按要求公布重点企业名单，不能及时组织实施重点企业清洁生产审核及评估、验收工作，不能按时上报本辖区重点企业清洁生产工作总结以及下一年度重点企业清洁生产审核工作计划的地方环保部门，将予以通报。

附件：1. 需重点审核的有毒有害物质名录（第二批）

2. 重点企业清洁生产审核评估、验收实施指南（试行）

2008 年 7 月 1 日

附件 1：

需重点审核的有毒有害物质名录（第二批）

序号	物质名称	物质来源
1	精（蒸）馏残渣	炼焦制造、基础化学原料制造—有机化工及其他非特定来源
2	感光材料废物	印刷、专用化学产品制造、电子元件制造
3	含金属羰基化合物	在金属羰基化合物生产以及使用过程中产生的含有羰基化合物成分的废物、精细化工产品生产—金属有机化合物的合成
4	有机磷化合物废物	有机化工行业
5	含醚废物	有机生产、配制过程中产生的醚类残液、反应残余物、废水处理污泥及过滤渣
6	废矿物油	天然原油和天然气开采、精炼石油产品的制造、船舶及浮动装置制造及其他非特定来源
7	废乳化液	从工业生产、金属切削、机械加工、设备清洗、皮革、纺织印染、农药乳化等过程产生的混合物
8	废酸	无机化工、钢的精加工过程中产生的废酸性洗液、金属表面处理及热处理加工、电子元件制造
9	废碱	毛皮鞣制及制品加工、纸浆制造及其他非特定来源
10	废催化剂	石油炼制、化工生产、制药过程
11	石棉废物	石棉采选、水泥及石膏制品制造、耐火材料制品制造、船舶及浮动装置制造
12	含有机卤化物废物	有机化工、无机化工
13	农药废物	杀虫、杀菌、除草、灭鼠和植物生物调节剂的生产
14	多溴二苯醚（PBDE）多溴联苯（PBB）废物	电子信息产品制造业及其他非特定来源

附件2：

重点企业清洁生产审核评估、验收实施指南（试行）

一、总 则

第一条 为了指导重点企业有效开展清洁生产，规范清洁生产审核行为，确保取得清洁生产实效，根据《中华人民共和国清洁生产促进法》、《清洁生产审核暂行办法》、《重点企业清洁生产审核程序的规定》制定本指南。

第二条 本指南所称清洁生产审核评估是指按照一定程序对企业清洁生产审核过程的规范性，审核报告的真实性，以及清洁生产方案的科学性、合理性、有效性等进行评估。

本指南所称清洁生产审核验收是指企业通过清洁生产审核评估后，对清洁生产中/高费方案实施情况和效果进行验证，并做出结论性意见。

第三条 本指南适用于《清洁生产促进法》中规定的"污染物排放超过国家和地方规定的排放标准或者超过经有关地方人民政府核定的污染物排放总量控制指标的企业；使用有毒、有害原料进行生产或者在生产中排放有毒、有害物质的企业"，也适用于国家和省级环保部门根据污染减排工作需要确定的重点企业。

第四条 环境保护部负责监督管理全国重点企业清洁生产审核评估与验收工作。各省（自治区、直辖市）及新疆生产建设兵团环保部门组织专家或委托相关机构，开展辖区内重点企业清洁生产审核评估与验收工作。环境保护部组织有关技术支持单位和专家对各省（自治区、直辖市）及新疆生产建设兵团环保部门开展的辖区内重点企业清洁生产审核评估与验收工作进行指导、督查，对各省清洁生产审核评估机构的评估、验收能力进行考核。

二、重点企业清洁生产审核评估

第五条　申请清洁生产审核评估的企业必须具备以下条件：

1．完成清洁生产审核过程，编制了《清洁生产审核报告》。

2．基本完成清洁生产无/低费方案。

3．技术装备符合国家产业结构调整和行业政策要求。

4．清洁生产审核期间，未发生重大及特别重大污染事故。

第六条　申请清洁生产审核评估的企业需提交的材料：

1．企业申请清洁生产审核评估的报告。

2．《清洁生产审核报告》。

3．有相应资质的环境监测站出具的清洁生产审核后的环境监测报告。

4．协助企业开展清洁生产审核工作的咨询服务机构资质证明及参加审核人员的技术资质证明材料复印件。

第七条　申请评估企业向当地环保部门提出评估申请（企业需在上交清洁生产审核报告后一个月内提交评估申请）；当地环保部门对申请企业的条件、提交的材料进行初审，初审合格后，将材料逐级上报。省级环保部门组织专家或委托相关机构对初审合格的企业进行材料审查、现场评估，并形成书面意见，定期在当地主要媒体上公布通过清洁生产审核评估的企业名单。

第八条　重点企业清洁生产审核评估过程：

1．阅审企业清洁生产审核报告等有关文字资料。

2．召开评估会议，企业主管领导介绍企业基本情况、清洁生产审核初步成果、无/低费方案实施情况、中/高费方案实施情况及计划等；企业清洁生产审核主要人员介绍清洁生产审核过程、清洁生产审核报告书主要内容等。

3．资料查询及现场考察，主要内容为无/低费和已实施中/高费方案实施情况，现场问询，查看工艺流程、企业资源能源消耗、污染物排放记录、环境监测报告、清洁生产培训记录等。

4．专家质询，针对清洁生产审核报告及现场考察过程中发现的问题进行质询。

5．根据现场考察结果以及报告书质量，对企业清洁生产审核工作进行评定，并形成评估意见。

第九条　重点企业清洁生产审核评估标准和内容：

1．领导重视、机构健全、全员参与，进行了系统的清洁生产培训。

2．根据源头削减、全过程控制原则进行了规范、完整的清洁生产审核，审核过程规范、真实、有效，方法合理。

3．审核重点的选择反映了企业的主要问题，不存在审核重点设置错误，清洁生产目标的制定科学、合理，具有时限性、前瞻性。

4．提交了完整、翔实、质量合格的清洁生产审核报告，审核报告如实反映了企业的基本情况，对企业能源资源消耗，产排污现状，各主要产品生产工艺和设备运行状况，以及末端治理和环境管理现状进行了全面的分析，不存在物料平衡、水平衡、能源平衡、污染因子平衡和数据等方面的错误。

5．企业在清洁生产审核过程中按照边审核、边实施、边见效的要求，及时落实了清洁生产无/低费方案。

6．清洁生产中/高费方案科学、合理、有效，通过实施清洁生产中/高费方案，预期效果能使企业在规定的期限内达到国家或地方的污染物排放标准、核定的主要污染物总量控制指标、污染物减排指标；对于已经发布清洁生产标准的行业，企业能够达到相关行业清洁生产标准的三级或三级以上指标的要求。

7．企业按国家规定淘汰明令禁止的生产技术、工艺、设备以及产品。

第十条　评估结果分为"通过"和"不通过"两种。对满足第九条全部要求的企业，其评估结果为"通过"。有下列情况之一的，评估不通过：

（1）不满足第九条要求中的任何一条。

（2）清洁生产审核报告质量上存在重大问题，主要指：

①审核重点设置错误或清洁生产目标设置不合理。

②没有对本次审核范围做全面的清洁生产潜力分析。

③数据存在重大错误，包括相关数据与环境统计数据偏差较大情况。

（3）企业没有按国家规定淘汰明令禁止的生产技术、工艺、设备以及产品。

（4）在清洁生产审核过程中弄虚作假。

三、重点企业清洁生产审核验收

第十一条　申请清洁生产审核验收的企业必须具备以下条件：

1．通过清洁生产审核评估后按照评估意见所规定的验收时间，综合考虑当地政府、环保部门时限要求提出验收申请（一般不超过两年）。

2．通过清洁生产审核评估之后，继续实施清洁生产中/高费方案，建设项目竣工环保验收合格 3 个月后，稳定达到国家或地方的污染物排放标准、核定的主要污染物总量控制指标、污染物减排指标。

第十二条　申请验收企业需填报《清洁生产审核验收申请表》（附表），连同清洁生产审核报告、环境监测报告、清洁生产审核评估意见、清洁生产审核验收工作报告报送各省（自治区、直辖市）及新疆生产建设兵团环保部门，各省（自治区、直辖市）及新疆生产建设兵团环保部门组织验收。

第十三条　重点企业清洁生产审核验收过程：

1．审阅第十二条所列有关文件资料；

2．资料查询及现场考察，查验、对比企业相关历史统计报表（企业台账、物料使用、能源消耗等基本生产信息）等，对清洁生产方案的实施效果进行评估并验证，提出最终验收意见。

第十四条　重点企业清洁生产审核验收标准和内容：

1．清洁生产审核验收工作报告如实反映了企业清洁生产审核评估之后的清洁生产工作。企业持续实施了清洁生产无/低费方案，并认真、及时地组织实施了清洁生产中/高费方案，达到了"节能、降耗、减污、增效"的目的。

2．根据源头削减、全过程控制原则实施了清洁生产方案，并对各清洁生产方案的经济和环境绩效进行了翔实统计和测算，其结果证明企业通过清洁生产审核达到了预期的清洁生产目标。

3．有资质的环境监测站出具的监测报告证明自清洁生产中/高费方案实施后，企业稳定达到国家或地方的污染物排放标准、核定的主要污染物总量控制指标、污染物减排指标。对于已经发布清洁生产标准的行业，企业达到相关行业清洁生产标准的三级或三级以上指标的要求。

4．企业生产现场不存在明显的跑、冒、滴、漏等现象。

5．报告中体现的已实施的清洁生产方案纳入了企业正常的生产过程。

第十五条 验收结果分为"通过"和"不通过"两种。对满足第十四条全部要求的企业，其验收结果为"通过"。有下列情况之一的，验收不通过：

1．不满足第十四条中的任何一条。

2．企业在方案实施过程中弄虚作假，虚报环境效益和经济效益的，包括相关数据与环境统计数据偏差较大情况。

四、重点企业清洁生产审核评估与验收费用

第十六条 各省（自治区、直辖市）及新疆生产建设兵团环保部门安排不低于 10%的环保专项资金用于重点企业的清洁生产审核评估、验收，积极争取各级发展和改革部门、财政部门和经济贸易部门对重点企业清洁生产审核评估与验收费用的支持。

五、清洁生产审核评估、验收的监督和管理

第十七条 环境保护部负责对全国的重点企业清洁生产审核工作进行监督和管理，定期对全国重点企业清洁生产审核评估、验收工作情况及评估、验收的相关机构进行抽查，并通过主要媒体向社会公告监督、抽查情况。

第十八条 各省（自治区、直辖市）及新疆生产建设兵团环保部门每年按要求将本辖区开展清洁生产审核评估、验收工作情况报送环境保护部。

第十九条 承担清洁生产审核的相关机构和专家要执行回避制度，不得对其曾经提供过清洁生产审核的企业进行评估、验收。

第二十条 公布开展强制性清洁生产审核的企业，拒不开展清洁生产

审核、不申请评估、验收或评估、验收"不通过"的，视情况由各省（自治区、直辖市）及新疆生产建设兵团环保部门在地方主要媒体公开曝光，要求其重新进行清洁生产审核、评估和验收，依法进行处罚。

六、附　则

第二十一条　本指南引用的有关规定，如有修改，按修改的执行。

第二十二条　本办法由环境保护部负责解释，自发布之日起施行。

附表：重点企业清洁生产审核验收申请表（略）

关于全面推进本市重点企业清洁生产审核工作的通知

（沪环保科[2008]441 号）

各区县环保局、各相关单位：

　　根据环境保护部《关于进一步加强重点企业清洁生产审核工作的通知》（环发[2008]60 号）要求，为充分发挥清洁生产在本市污染减排工作中的重要作用，在试点工作的基础上，结合第四轮环保三年行动计划的实施，本市将全面推进重点企业清洁生产审核工作，现将有关事项通知如下：

　　一、结合"十一五"污染物减排等要求，突出重点行业和重点企业，推进强制性清洁生产审核工作。

　　根据环境保护部《关于进一步加强重点企业清洁生产审核工作的通知》（环发[2008]60 号）的要求，2009—2011 年本市将在火电、钢铁、有色、电镀、造纸、建材、石化、化工、制药、食品、酿造、印染等重污染行业，以及太湖流域、水源保护区以及其他敏感区域等重点区域，以"双有双超"企业和 SO_2、COD 减排企业为重点，开展强制性清洁生产审核；以企业为主体，通过政府引导推动，中介机构参与服务等方式，全面推进本市重点企业的强制性清洁生产审核工作。

　　二、市、区县环保部门上下联动，有序实施本市重点企业清洁生产审核工作。

　　按照《上海市重点企业清洁生产审核若干规定（试行）》的有关规定，市、区两级环保部门共同开展相关工作：

　　（一）准备阶段：市环保局组织区县环保部门按照《上海市重点企业清洁生产审核若干规定（试行）》有关规定，对辖区内强制性清洁生产审核重点企业进行排摸，梳理重点企业情况。请各区县环保局在 2008 年 12

月 15 日前，将辖区内重点企业梳理情况报市环保局汇总。

（二）实施阶段：根据国家和本市相关规定，2009—2011 年，市环保局将组织区县环保部门实施本市重点企业清洁生产审核工作，制定并实施年度审核计划，加强强制性审核的日常管理，并做好评估、验收、年度总结等工作。具体实施要求见《上海市重点企业清洁生产审核若干规定（试行）》。评估和验收过程中，市、区两级环保部门不得向企业和审核咨询机构收取费用。

三、强化环境监管，建立奖惩制度，充分发挥重点企业清洁生产审核工作作用。

市、区两级环保部门将进一步结合日常环境监管，不断加强清洁生产审核与现有环境管理制度的结合，从项目审批、执法监管、污染减排核查等不同层面，大力推进企业清洁生产工作。

市环保局与市经济信息化委将进一步加大清洁生产宣传工作，共同建立激励机制，对积极实施并取得显著成效的企业予以表彰；同时，对拒不开展强制性清洁生产审核、不申请评估、验收或评估、验收"不通过"的企业，按法规和相关规定进行处罚。

四、强化清洁生产审核咨询机构管理，完善清洁生产专家库，形成有力的技术支撑。

市环保局将与市经济信息化委共同开展清洁生产审核咨询机构管理工作，建立本市清洁生产审核咨询机构备案管理制度，加强对相关机构日常管理和年度考评工作，不断提高审核和咨询服务质量。同时，市环保局将与市经济信息化委共同完善本市清洁生产专家库，不断强化清洁生产技术支撑。

特此通知。

附件：1. 上海市重点企业清洁生产审核若干规定（试行）

　　　2. 关于进一步加强重点企业清洁生产审核工作的通知（环发
　　　　[2008]60 号）（略）

2008 年 11 月 8 日

附件 1：

上海市重点企业清洁生产审核若干规定（试行）

第一条（目的和依据）　为积极推进本市强制性清洁生产审核工作，规范清洁生产审核行为，根据《中华人民共和国清洁生产促进法》、《清洁生产审核暂行办法》、《重点企业清洁生产审核程序的规定》和《关于进一步加强重点企业清洁生产审核工作的通知》（环发[2008]60 号）文件的要求，制定本规定。

第二条（适用范围、重点）　本规定适用于按照国家有关规定应当实施强制性清洁生产审核的企业（以下简称"重点企业"），包括：

（一）污染物超标排放或者污染物排放总量超过规定限额的污染严重企业；

（二）生产中使用或排放有毒有害物质的企业（有毒有害物质是指被列入环境保护部《需重点审核的有毒有害物质名录（第一批、第二批）》；

（三）火电、钢铁、有色、电镀、造纸、建材、石化、化工、制药、食品、酿造、印染等行业主要企业，以及太湖流域、水源保护区以及其他敏感区域等重点区域污染企业，以及本市污染物减排的主要企业。

第三条（审核的组织与管理）　市环保局负责全市强制性清洁生产审核工作的组织；会同市经济信息化委公布年度重点企业清洁生产审核名单，指导和督促企业按期实施清洁生产审核，组织开展强制性审核评估、验收工作。

各区县环保局负责确定辖区内强制性清洁生产审核重点企业名单，组织、督促辖区内相关企业开展清洁生产审核并落实清洁生产方案的实施，配合市环保局开展强制性审核评估、验收工作。

第四条（审核名单及年度审核计划制定）　市、区县环保部门按污染源管理职责分工，根据辖区内企业情况、环境执法及日常监督检查情况，确定本辖区强制性清洁生产重点企业审核名单；并在此基础上，结合辖区环境管理工作特点和节能减排重点，制定年度重点企业清洁生产审核计划，分期分批组织重点企业清洁生产审核工作的实施。对下列企业可先行安排强制性清洁生产审核：

（一）严重超标，或特征污染物排放超标；

（二）符合区域产业布局，但工艺设备相对落后；

（三）发生重大环境污染事故或存在事故隐患；

（四）群众反映强烈或被媒体曝光。

每年 2 月底前，各区县环保局将辖区内年度重点企业审核计划上报市环保局汇总。

第五条（年度审核计划公布） 市环保局会同市经济信息化委于每年 3 月份确定本市年度重点企业清洁生产审核名单并在政府网站上公布，同时书面通知企业。公布内容包括：企业名称和机构代码、企业注册地址及所属区县（生产车间不在注册地的还需公布生产车间所在地址）和审核类型。

第六条（审核实施） 列入年度审核名单的重点企业可自行开展清洁生产审核，也可委托审核咨询机构实施清洁生产审核。自行组织开展清洁生产审核的重点企业，其审核人员应符合相关要求。市经济信息化委和市环保局定期公布本市清洁生产审核咨询机构推荐名录。

自行组织开展清洁生产审核的重点企业应在名单公布后 45 个工作日之内，将审核计划、审核组织及人员的基本情况报所在区县环保局；委托审核咨询机构开展清洁生产审核的重点企业应在名单公布后 45 个工作日之内，将审核咨询机构的基本情况及清洁生产审核技术服务合同报所在区县环保局。

重点企业应在名单公布后一年内完成清洁生产审核，并严格按照《重点企业清洁生产审核程序的规定》开展审核，确保审核过程的规范、真实、有效。

第七条（评估与验收） 重点企业完成清洁生产审核或中/高费方案实施后，符合评估或验收条件的，应当按《重点企业清洁生产审核评估、验收实施指南》规定向所在区县环保局提交相关材料，经区县环保局提出初步意见后，由市环保局会同市经济信息化委根据《重点企业清洁生产审核评估、验收实施指南》要求组织评估或验收，并对评估或验收通过的企业出具评估意见或验收报告。

第八条（信息公开）　重点企业应根据《重点企业清洁生产审核程序的规定》及《环境信息公开办法（试行）》要求，公开企业清洁生产审核信息，接受公众监督。

第九条（奖励和处罚）　市经济信息化委和市环保局将对在清洁生产审核工作中取得显著成绩的企业和个人予以表彰和奖励。

对列入《上海市环保三年行动计划》清洁生产试点单位的重点企业将根据《上海市鼓励企业实施清洁生产专项扶持实施办法》的有关规定给予资金支持。

对公布开展强制性清洁生产审核的重点企业，拒不开展清洁生产审核、不申请评估、验收或评估、验收"不通过"的，视情况由市环保局在本市主要媒体公开曝光，要求其重新进行清洁生产审核、评估和验收，并依法进行处罚。

对不按规定内容、程序进行清洁生产审核、弄虚作假，提供虚假审核报告的审核咨询机构，根据《清洁生产审核暂行办法》第二十八条规定，由市经济信息化委会同市环保局责令其改正，并公布其名单。

第十条　本办法自 2009 年 1 月 1 日起施行。

浦东新区人民政府关于印发《浦东新区环境保护基金管理办法》的通知

（浦府[2006]88 号）

区政府各委、办、局，各功能区域管委会，各直属公司，各街道办事处、镇政府：

现将《浦东新区环境保护基金管理办法》印发给你们，请按照执行。

2006 年 4 月 17 日

附件：

浦东新区环境保护基金管理办法

第一条　目的

为贯彻落实科学发展观，实施"环境优先"发展战略，积极推进浦东新区环境保护和环境建设，提高环境质量，根据《浦东新区人民政府关于进一步加强浦东新区环境保护工作的决定》，设立浦东新区环境保护基金（以下简称"环保基金"）。为规范、合理、统筹使用环保基金，有效发挥政府对社会资金投入环保事业的引导作用，特制定本办法。

第二条　设立原则

环保基金的设立，坚持"多方统筹、有效引导、重点聚焦、适度资助"的原则。

第三条　基金来源

环保基金来源：

一、排污费收入新区部分；

二、扶持经济发展的专项资金；

三、上级部门拨入的环保资金；

四、国内、外企事业单位、组织和个人捐赠（包括实物）；

五、基金专户利息收入；

六、其他。

第四条　使用方式

环保基金的使用采用补贴、奖励、贴息等方式。各类项目的补贴、奖励、贴息操作办法另行制定。

第五条　基金用途

环保基金主要用于：

一、企业重点污染源防控、治理，包括企业污染治理和防控设备的更新、改造；污染企业的关、迁等。

二、环保新技术的研究、开发、运用，包括环保新技术、新产品研发，环保新技术运用，环保新产品应用等。

三、促进重点行业、企业实施清洁生产。

四、环保宣传、教育与交流，包括对环保先进企业和个人进行表彰；环保教育基地设立；绿色创建工作以及环保学术交流等。

五、其他涉及环保的特需项目。

政府日常投入机构人员经费、环境基础设施建设、生态建设、环境整治、固体废弃物的收运处置等项目，不纳入环保基金使用范围。

第六条　管理机构及职责

建立由环保、财政、科技、计划、审计等部门组成的环保基金理事会，由区政府分管领导担任理事长。理事会负责审定环保基金管理办法及操作办法、年度使用计划和年度使用情况的报告等，对重要事项作出决定。设立由环保、财政部门组成的环保基金管理办公室（设在新区环保市容局），负责编制基金年度计划和决算，负责受理环保基金资助以及日常管理工作，监督有关项目的实施。

第七条　账户管理

环保基金账户设在新区财政局，由新区财政局负责会计核算和财务管理。

第八条　计划编审

环保基金计划与新区部门预算同步编制。按照部门预算编制的时间要求，由基金管理办公室编制下一年度环保基金计划草案，报基金理事会批准后纳入新区环保市容局部门预算。

第九条　申请及拨付程序

基金管理办公室统一受理项目单位的申请，经基金管理办公室成员单位初审后报基金理事会审批。申请单位应提供项目相关资料。

经基金理事会批准后由新区财政局将资金直接拨付项目申请单位。

第十条　计划调整

环保基金计划执行中因特殊原因需要调整的，由基金管理办公室提出计划调整报告，报基金理事会审批。未经基金理事会批准的项目，新区财政局不予拨付。

第十一条　监督检查

环保基金使用必须严格审批，严格管理，专款专用，任何单位或个人不得截留、挪用。基金理事会每年应向区政府报告环保基金使用及管理情况。

新区财政局负责对环保基金计划执行情况进行日常审核、监督和绩效考核。

新区审计局负责对环保基金计划执行情况及绩效进行审计监督和评价。

第十二条　责任追究

环保基金管理人员应按本办法和相关操作规程执行，认真、严格审查受理申报资料，如实报告或反映办法执行过程中发现的问题，不得隐瞒。对利用虚假材料骗取资金的，除取消项目单位环保基金享受资格外，还将按相关规定追究项目单位和基金管理人员的法律责任。

第十三条　应用解释

本办法由浦东新区环保基金理事会负责解释。

第十四条　实施日期

本办法自发布之日起施行。

浦东新区环境保护基金实施细则

（2009 年 7 月 10 日环保基金理事会修改通过）

第一条　根据《浦东新区环境保护基金管理办法》（以下简称《办法》），制定本实施细则。

第二条　《办法》第五条第一款所称"重点污染源"和"污染企业的关、迁"，前者是指企业在生产过程中排放产生的工业污水、废气、噪声、固体废渣等，并且对环境造成严重污染的；后者是指既不符合新区产业导向，经限期治理后排放仍无法达标的企业。

补贴标准：

一、重点污染源治理和减排项目，给予不超过项目建安总投资 30%比例的补贴，总额最高不超过 300 万元；其中，属中央、市管企业的酌情给予补贴，但一般不超过 20%的比例，总额最高不超过 200 万元。

二、凡列入新区关、迁计划的企业，给予一次性补贴，补贴金额不超过历年缴纳排污费（扣除已补贴部分）总额。

三、同一项目已享受过环保基金治理补贴的，五年内采用同类技术、工艺再次治理，原则上不再给予重复补贴。

第三条　《办法》第五条第二款所称"环保新技术的研究、开发、运用"，是指环保新技术的开发研究、中试及新技术、新产品的成果推广运用，如清洁能源替代、废弃物减量化、资源化、无害化、减排并具有自主创新研究、应用示范和产业化发展的环保科技项目等。

一、申报条件

（一）注册在浦东新区且纳税在浦东的单位。

（二）经国家、上海市批准的并列为环保重点研究开发、运用的项目或区科委、区环保局批准立项的推广运用项目。

二、补贴标准

（一）按照上海市经委沪经节[2001]407 号文规定，燃煤锅炉清洁能源替代按每蒸吨一次性补贴 4 万元；已享受清洁能源补贴的，不再享受锅炉脱硫、防尘治理等补贴。

（二）凡列入国家、市环保新技术的开发研究、中试的项目，根据直接投入的资金总量，按三年贷款利息给予一次性补贴，资金投入总量超出立项批准资金量的，按立项批准资金量计算，补贴总额最高不超过 100 万元。贷款贴息率按立项年起始的银行贷款利率算术平均利率计算。

（三）列入区科委立项批准的开发研究、中试和成果运用项目，按本条第二款执行，但补贴总额最高不超过 50 万元。

（四）环保新技术、新产品的推广运用，工程性项目一般按照工程建安总投资 30%补贴，补贴总额最高不超过 300 万元，非工程性一事一议，报理事会批准。

第四条　《办法》第五条第三款所称"实施清洁生产"包括清洁生产审核和清洁生产项目的实施。

清洁生产审核，是指由新区环保局批准的强制性企业清洁生产审核和新区经委批准的非强制性企业清洁生产审核。

补贴标准：

按照《实施清洁生产审核补贴办法（试行）》对列入实施清洁生产审核企业经评估验收通过，按企业规模和审核质量，分别给予 20 万元、15 万元、10 万元补贴。

清洁生产项目的实施是指企业经清洁生产审核中/高费实施方案中的减排项目的整治，符合本细则第二条中相关条款的按相关条款执行。

第五条　《办法》第五条第四款所称"环保教育基地设立、绿色创建工作"是指新区经批准设立的环保教育基地和经国家、市、区认定的绿色创建单位，如优美乡镇、扬尘污染控制区、绿色饭店、绿色医院、绿色小区、节水型小区、环境友好型企业、绿色企业、环保诚信企业等。

补贴标准：

一、环保教育基地

（一）设立环保教育基地，补贴比例不超过其投入的 50%，总额最高不超过 50 万元。区级环保教育基地运行费补贴每年一般不超过 5 万元，市级一般不超过 8 万元，国家级一般不超过 10 万元；

（二）获得国家级称号的另给予一次性奖励 10 万元；

（三）获得上海市级称号的另给予一次性奖励 8 万元。

二、绿色创建

（一）凡创建成国家级环境优美乡镇、绿色饭店（宾馆）、医院、绿色小区、绿色学校奖励 10 万元。

（二）凡创建成市级绿色饭店（宾馆）、医院、绿色小区、绿色学校奖励 8 万元。

（三）凡创建成区级绿色饭店（宾馆）、医院、绿色小区、绿色学校奖励 5 万元。

三、生态村、生态工业园区创建

（一）凡创建成国家级生态村和国家级生态工业园区奖励 10 万元。

（二）凡创建成市级生态村和生态工业园区奖励 8 万元。

（三）凡创建成区级生态村和生态工业园区奖励 5 万元。

四、节水型小区创建

（一）凡创建成上海市示范型节水型小区一次性奖励 5 万元。

（二）凡创建成上海市节水型小区一次性奖励 3 万元。

（三）凡创建成浦东新区节水型小区一次性奖励 2 万元。

五、环境友好企业、绿色企业、环保诚信企业创建

（一）凡创建成国家级环境友好型企业一次性奖励 10 万元。

（二）凡创建成市级环境友好型企业一次性奖励 5 万元。

（三）被评定为区级环保绿色级别企业和由区环保协会评定为环保诚信企业一次性奖励 2 万元。

六、对创建绿色饭店、绿色家庭的组织单位给予适当工作的经费补贴。补贴标准为：区商业联合会每推进成一个区级以上的绿色饭店，补贴费为 0.3 万元。区妇女联合会按每年创建 1 000 户"绿色家庭"给予 5 万元经费补贴，用于组织发动、节约资源能源、垃圾分类、美化环境的创建宣传、

培训、铭牌制作等。浦东新区街、镇环保群众性监查网络活动经费补贴，由区环境监察支队根据街、镇开展工作的计划和实施情况进行考核，依据考核结果每年给予不超过 2 万元的补贴。

第六条 《办法》第五条第五款所称："其他涉及环保的特需项目"是指除上述表述外的需要支持的环保项目将给予一定的补贴。

包括：国内、外环保学术交流以及"为实施生态区建设、环境安全的特殊项目和资源综合利用、节水型社会建设等的实验、试点项目"和"生态区建设相关的业务，节能减排技术培训和推广等项目"的补贴，经理事会同意纳入基金年度计划执行。计划外及特殊项目，一事一报，经理事会批准执行。

第七条 本实施细则中所提"奖励补贴"，应作为该项工作经费，不得用于发放个人奖金。

第八条 申请对象：

浦东新区范围内的法人单位。

第九条 申请单位提出申请时应提供以下材料：

一、项目批准文件或立项报告、设计方案、工程概预算、资金来源；

二、治理前现状、治理后达到的预期效果分析报告；

三、工商登记证、税务登记证、组织机构代码证复印件；

四、其他相关资料。

第十条 申请程序：

一、浦东新区环境保护基金管理办公室（以下简称"基金办"）授权给浦东新区环境保护协会为浦东新区环境保护基金补贴受理、初审、验收单位。申请单位可向环保协会索取《浦东新区环境保护基金补贴项目申请表》（以下简称《申请表》）；亦可登录浦东环境网，根据网站上发布的信息及有关的通知，下载申请表及有关材料。并将申报表及相关材料递送给环保协会受理窗口。

申请单位可采取先登记后填报申请表。即可先向受理窗口登记备案，然后正式填报申请表。

二、申请单位根据本实施细则填报《申请表》（见附件一）并取得所在街、镇的同意，高化系统企业及中央企业除外，其他中央企业和市管企业应取得工业园区管委会或功能区管理委员会同意，连同应提交相关的材料递送环保协会，环保协会编制年度项目计划，报基金理事会立项。

三、经理事会计划批准的工程性项目，开工前由浦东新区环保协会组织专家对其技术方案评估。竣工后由浦东新区环保协会组织进行专家验收，验收合格后报基金办，环保协会填报《浦东新区环境保护基金补贴项目验收表》（见附件三）。

经理事会计划批准的非工程性项目补贴，在拨款之前，应上报批文证明、工作计划、工作总结和成果，并由环保协会对项目工作成果进行检查或抽查，视成效审核补贴额。

四、环保协会填写《浦东新区环境保护基金补贴资金拨款申请表》（见附件二），新区环保局、财政局提出审核意见。

五、新区财政局按规定将补贴款拨付至申请单位。

六、经理事会计划批准的项目，在进一步稽核中发现不符合本实施细则规定或其他原因撤销立项的，由环保协会以书面意见报基金办公室批准并书面告知申请单位，上报下一届理事会备案。

第十一条　本实施细则由浦东新区环境保护基金理事会办公室负责解释。

第十二条　本实施细则自批准之日起执行。

附件一　《浦东新区环境保护基金补贴项目申请表》（略）

附件二　《浦东新区环境保护基金补贴资金拨款申请表》（略）

附件三　《浦东新区环境保护基金补贴项目验收表》（略）

附件四　《浦东新区环境保护基金计划项目撤销表》（略）

附件五　《环保基金补贴申请流程图》（略）

第四部分

清洁生产基本知识

☞　什么是清洁生产？

清洁生产在不同的发展阶段或者不同的国家有不同的叫法，例如"废物减量化""无废工艺""污染预防"等。我国《清洁生产促进法》定义清洁生产"是指不断采取改进设计、使用清洁的能源和原料、采用先进的工艺技术与设备、改善管理、综合利用等措施，从源头削减污染，提高资源利用效率，减少或者避免生产、服务和产品使用过程中污染物的产生和排放，以减轻或者消除对人类健康和环境的危害。"

联合国环境规划署在总结了各国开展的污染预防活动，并加以分析提高后，提出清洁生产的定义，并得到国际社会普遍认可和接受。其定义为"清洁生产是一种新的创造性思想，该思想将整体预防的环境战略持续应用于生产过程、产品和服务中，以增加生态效率和减少人类及环境的风险。

——对生产过程来说，要求节约原材料和能源，淘汰有毒原材料，削减所有废物的数量和毒性；

——对产品来说，减少从原材料提炼到产品最终处置的全生命周期的不利影响；

——对服务来说，要求将环境因素纳入设计和所提供的服务中。"

清洁生产实际上是一种源头减排、工艺减排、全过程减排、持续性减排的思想和方法，是提高资源利用效率、解决环境污染的一个根本途径，也是落实节能减排的一个重要手段和保证措施，特别是对完成降低污染物排放任务来说是至关重要的。

☞　什么是清洁生产审核？

根据原国家发展和改革委员会、国家环保总局发布的《清洁生产审核暂行办法》定义，清洁生产审核"是指按照一定程序，对生产和服务过程进行调查和诊断，找出能耗高、物耗高、污染重的原因，提出减少有毒有害物料的使用、产生，降低能耗、物耗以及废物产生的方案，进而选定技术经济及环境可行的清洁生产方案的过程"。

清洁生产审核是实施清洁生产最主要，也是最具可操作性的方法，是实施清洁生产的前提和基础，它通过一套系统而科学的程序来实现，重点对组织产品、生产及服务的全过程进行预防污染的分析和评估，从而发现问题，提出解决方案，并通过清洁生产方案的实施在源头或消除废弃物的产生。

我国开展清洁生产审核基本原则是，应当以企业为主体，遵循企业自愿审核与国家强制审核相结合、企业自主审核与外部协助审核相结合的原则，因地制宜、有序开展、注重实效。

清洁生产审核的目标是节能、降耗、减污、增效。企业实施清洁生产审核的最终目的是减少污染，保护环境，节约资源，降低费用，增强企业自身的竞争力。

清洁生产审核的总体思路是：判明废弃物的产生部位、分析废弃物的产生原因、提出方案减少或消除废弃物。从广义上讲，清洁生产审核的思路适用于一切使用自然资源和能源的组织，无论生产型企业、服务型企业，还是政府部门、事业单位、研究机构，都可以进行各种形式的清洁生产审核。

清洁生产审核是一项系统而细致的工作，在整个审核过程中应注重充分发动全体员工的参与积极性，解放思想、克服障碍、严格按审核程序办事，以取得清洁生产的实际成效并巩固下来。

☞ **什么是重点企业清洁生产审核？**

根据原国家发展和改革委员会、国家环保总局发布的《清洁生产审核暂行办法》的规定，清洁生产审核分为自愿性审核和强制性审核：（1）污染物排放达到国家或者地方排放标准的企业，可以自愿组织实施清洁生产审核，提出进一步节约资源、削减污染物排放量的目标。国家鼓励企业自愿开展清洁生产审核。（2）有下列情况之一的，应当实施强制性清洁生产审核：①污染物排放超过国家和地方排放标准，或者污染物排放总量超过地方人民政府核定的排放总量控制指标的污染严重企业；②使用有毒有害原料进行生产或者在生产中排放有毒、有害物质的企业。

原国家环保总局文件《重点企业清洁生产审核程序的规定》进一步规定:"第一类重点企业",即污染物超标排放或者污染物排放总量超过规定限额的污染严重企业,简称"双超企业"。"第二类重点企业",即生产中使用或排放有毒有害物质的企业,简称"双有企业"。

因此,重点企业清洁生产审核是清洁生产促进法规定的强制性清洁审核,也是原国家环保总局文件界定的第一类、第二类重点企业("双超企业"、"双有企业")开展的清洁生产审核。

我国清洁生产实践证明,清洁生产审核是全面推进清洁生产的一个重要的抓手,而重点企业清洁生产审核起到了特别重要的作用,如在规范清洁生产审核行为,确保取得清洁生产实效上起到了不可替代的作用。根据《清洁生产促进法》,督促重点企业实施强制性清洁生产审核,有效促进污染减排目标的实现,是环保部门的职责和任务。

☞ **重点企业清洁生产审核目的有哪些?**

(1)促进各地实现"节能减排""一控双达标"目标,稳定"节能减排""一控双达标"成果。

(2)核实企业的排放情况,削减污染物排放总量,切实改变污染控制模式。

(3)通过清洁生产审核和实施清洁生产方案,削减企业物耗、能耗、污染物产生量和排放量,削减有毒、有害物质的使用量和排放量,减少末端设施的压力,使企业高质量达标。

(4)确认企业达标的可能性和付出的成本。为政府按照法律程序对屡次不能达标者或达标无望企业实施关、停、并、转提供依据。

(5)通过强制性清洁生产审核,从正、反两个方面促进和带动自愿性清洁生产审核工作的全面展开。

(6)分析识别影响资源能源有效利用,造成废物产生,以及制约企业生态效率的原因或"瓶颈"问题。

(7)产生并确定企业从产品、原材料、技术工艺、生产运行管理以及废物循环利用等多途径进行综合污染预防的机会、方案与实施计划。

（8）不断提高企业管理者与广大职工清洁生产的意识与参与程度，促进清洁生产在企业的持续改进。

☞　什么是企业生产中使用或排放的有毒有害物质？

《清洁生产审核暂行办法》（国家发展和改革委员会、国家环境保护总局令第 16 号）规定，有毒有害原料或者物质主要指《危险货物品名表》（GB 12268）、《危险化学品名录》、《国家危险废物名录》和《剧毒化学品目录》中的剧毒、强腐蚀性、强刺激性、放射性（不包括核电设施和军工核设施）、致癌、致畸等物质。国家环保总局颁布的《重点企业清洁生产审核程序的规定》进一步规定，国家环保总局将根据各地环境污染状况以及开展清洁生产审核工作的实际情况，在分析企业有毒有害物质使用或排放情况，以及可能造成环境影响严重程度的基础上，分期分批公布《需重点审核的有毒有害物质名录》。目前已公布第一批、第二批需重点审核的有毒有害物质名录。

☞　清洁生产审核的原理是什么？

清洁生产审核首先是对组织现在的和计划进行的产品生产和服务实行预防污染的分析和评估。在实行预防污染分析和评估的过程中，制定并实施减少能源、资源和原材料使用，消除或减少产品和生产过程中有毒物质的使用，减少各种废弃物排放的数量及其毒性的方案。

清洁生产审核的总体思路是：判明废弃物的产生部位，分析废弃物的产生原因，提出方案减少消除废弃物。其基本步骤如下：

（1）废弃物在哪里产生？通过现场调查和物料平衡找出废弃物的产生部位并确定产生量。

（2）为什么会产生废弃物？这要求分析产品生产过程（见图 1）的每个环节。

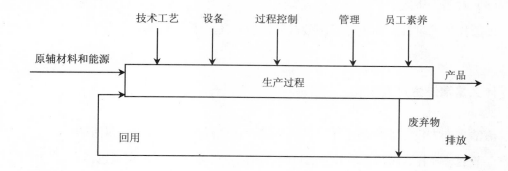

图1 产品生产过程框图

根据上述生产过程框图，对废弃物的产生原因分析要针对八个方面进行：①原辅材料和能源；②技术工艺；③设备；④过程控制；⑤产品；⑥管理；⑦员工；⑧废物。

（3）如何消除这些废弃物？针对每一个废弃物产生原因，设计相应的清洁生产方案，包括无/低费方案和中/高费方案，方案可以是一个、几个甚至几十个，通过实施这些清洁生产方案来消除这些废弃物产生原因，从而达到减少废弃物产生的目的。

☞ **清洁生产审核的主要内容是什么？**

（1）产品在使用中或废弃的处置中是否有毒、有污染，对有毒、有污染的产品尽可能选择替代品，尽可能使产品及其生产过程无毒、无污染。

（2）使用的原辅料是否有毒、有害，是否难于转化为产品，产品产生的"三废"是否难于回收利用，能否选用无毒、无害、无污染或少污染的原辅料等。

（3）产品的生产过程，工艺设备是否陈旧落后，工艺技术水平、过程控制自动化程度、生产效率的高低以及与国内外先进水平的差距，找出主要原因进行工艺技术改造，优化工艺操作。

（4）企业管理情况，对企业的工艺、设备、材料消耗、生产调度、环境管理等方面进行分析，找出因管理不善而造成的物耗高、能耗高、排污多的原因与责任，从而拟定加强管理的措施与制度，提出解决办法。

（5）对需投资改造的清洁生产方案进行技术、环境、经济的可行性分析，以选择技术可行、环境与经济效益最佳的方案，予以实施。

☞ **什么是清洁生产方案？**

清洁生产方案是实现清洁生产的具体途径，通过方案的实施实现清洁生产"节能、降耗、减污、增效"的目标。清洁生产方案的基本类型包括：

（1）加强管理与生产过程控制，一般是无/低费方案，在实施审计过程中，边发现、边实施，陆续取得成效；

（2）原辅料的改变，即采用合乎要求的无毒、无害原辅材料，合理掌握投料比例，改进计量输送方法，充分利用资源能源，综合利用或回收使用原辅材料；

（3）改进产品（生态再设计），即为提高产品产量、质量，降低物料、能源消耗而改变产品设计或产品包装，提高产品使用寿命，减少产品的毒性和对环境的危害；

（4）工艺革新和技术改进，即实现最佳工艺路线，提高自动化控制水平及更新设备等；

（5）物料循环利用和废物回收利用。

根据实施清洁生产方案的费用高低，又可分为无/低费方案、中/高费方案。其划分依据企业实际情况，无绝对标准。

☞ **清洁生产审核基本程序有哪些？**

《清洁生产审核暂行办法》（国家发展和改革委员会、国家环境保护总局令第 16 号）规定，清洁生产审核程序原则上包括审核准备，预审核，审核，实施方案的产生、筛选和确定，编写清洁生产审核报告等。

（1）审核准备。开展培训和宣传，成立由企业管理人员和技术人员组成的清洁生产审核工作小组，制定工作计划。

（2）预审核。在对企业基本情况进行全面调查的基础上，通过定性和定量分析，确定清洁生产审核重点和企业清洁生产目标。

（3）审核。通过对生产和服务过程的投入产出进行分析，建立物料平衡、水平衡、资源平衡以及污染因子平衡，找出物料流失、资源浪费环节和污染物产生的原因。

（4）实施方案的产生和筛选。对物料流失、资源浪费、污染物产生和排放进行分析，提出清洁生产实施方案，并进行方案的初步筛选。

（5）实施方案的确定。对初步筛选的清洁生产方案进行技术、经济和环境可行性分析，确定企业拟实施的清洁生产方案。

（6）编写清洁生产审核报告。清洁生产审核报告应当包括企业基本情况、清洁生产审核过程和结果、清洁生产方案汇总和效益预测分析、清洁生产方案实施计划等。

☞ **重点企业名单如何确定？如何公布？**

国家环保总局颁布的《重点企业清洁生产审核程序的规定》规定，第一类重点企业名单的确定及公布程序：

（1）按照管理权限，由企业所在地县级以上环境保护行政主管部门根据日常监督检查的情况，提出本辖区内应当实施清洁生产审核企业的初选名单，附环境监测机构出具的监测报告或有毒有害原辅料进货凭证、分析报告，将初选名单及企业基本情况报送设区的市级环境保护行政主管部门。

（2）设区的市级环境保护行政主管部门对初选企业情况进行核实后，报上一级环境保护行政主管部门。

（3）各省、自治区、直辖市、计划单列市环境保护行政主管部门按照《清洁生产促进法》的规定，对企业名单确定后，在当地主要媒体公布应当实施清洁生产审核企业的名单。公布的内容应包括：企业名称、企业注册地址（生产车间不在注册地的要公布其所在地地址）、类型（第一类重点企业或第二类重点企业）。企业所在地环境保护行政主管部门在名单公布后，依据管理权限书面通知企业。

第二类重点企业名单的确定及公布程序，由各级环境保护行政主管部门会同同级相关行政主管部门参照上述规定执行。

列入公布名单的第一类重点企业，应在名单公布后一个月内，在当地主要媒体公布其主要污染物的排放情况，接受公众监督。公布的内容应包括：企业名称、规模；法人代表、企业注册地址和生产地址；主要原辅材料（包括燃料）消耗情况；主要产品名称、产量；主要污染物名称、排放方式、去向、污染物浓度和排放总量、应执行的排放标准、规定的总量限额以及排污费缴纳情况等。

☞ **重点企业清洁生产审核工作如何组织开展？**

国家环保总局颁布的《重点企业清洁生产审核程序的规定》规定，重点企业的清洁生产审核工作可以由企业自行组织开展，或委托相应的中介机构完成。

自行组织开展清洁生产审核的企业应在名单公布后 45 个工作日之内，将审核计划、审核组织、人员的基本情况报当地环境保护行政主管部门。

委托中介机构进行清洁生产审核的企业应在名单公布后 45 个工作日之内，将审核机构的基本情况及能证明清洁生产审核技术服务合同签订时间和履行合同期限的材料报当地环境保护行政主管部门。

上述企业应在名单公布后两个月内开始清洁生产审核工作，并在名单公布后一年内完成。第二类重点企业每隔五年至少应实施一次审核。

对未按上述规定执行清洁生产审核的重点企业，由其所在地的省、自治区、直辖市、计划单列市环境保护行政主管部门责令其开展强制性清洁生产审核，并按期提交清洁生产审核报告。

☞ **承担企业清洁生产审核工作的组织应具有什么条件？**

《清洁生产审核暂行办法》（国家发展和改革委员会、国家环境保护总局令第 16 号）规定，清洁生产审核以企业自行组织开展为主。不具备独立开展清洁生产审核能力的企业，可以委托行业协会、清洁生产中心、工程咨询单位等咨询服务机构协助开展清洁生产审核。

自行组织开展清洁生产审核的企业应具有 5 名以上经国家培训合格的清洁生产审核人员并有相应的工作经验，其中至少有 1 名人员具备高级职称并有 5 年以上企业清洁生产审核经历。

协助企业组织开展清洁生产审核工作的咨询服务机构，应当具备下列条件：（1）具有独立的法人资格；（2）拥有熟悉相关行业生产工艺、技术和污染防治管理，了解清洁生产知识，掌握清洁生产审核程序的技术人员；（3）具备为企业清洁生产审核提供公平、公正、高效率服务的制度措施。

国家环保总局颁发《重点企业清洁生产审核程序的规定》要求为企业提供清洁生产审核服务的中介机构应符合下述基本条件：（1）具有法人资格，具有健全的内部管理规章制度。具备为企业清洁生产审核提供公平、公正、高效率服务的质量保证体系；（2）具有固定的工作场所和相应工作条件，具备文件和图表的数字化处理能力，具有档案管理系统；（3）有 2 名以上高级职称、5 名以上中级职称并经国家培训合格的清洁生产审核人员；（4）应当熟悉相应法律、法规及技术规范、标准，熟悉相关行业生产工艺、污染防治技术，有能力分析、审核企业提供的技术报告、监测数据，能够独立完成工艺流程的技术分析，进行物料平衡、能量平衡计算，能够独立开展相关行业清洁生产审核工作和编写审核报告；（5）无触犯法律、造成严重后果的记录；未处于因提供低质量或者虚假审核报告等被责令整顿期间。

☞ **环保部门如何加强清洁生产实施的监督？**

2003 年国家环保总局颁发《关于贯彻落实〈清洁生产促进法〉的若干意见》及以后颁发的文件对环保部门加强清洁生产实施的监督提出了以下要求：

（1）清洁生产审核及其相应的监督管理实行分级负责原则。环保部负责制定清洁生产审核和公告方面的规章制度，监督和管理全国重点企业强制性清洁生产审核、评估和验收工作，将逐步建立重点企业清洁生产审核公报制度。省级环保部门负责省内对环境有重大影响，且有一定规模的大型企业清洁生产的实施监督，开展重点企业强制性清洁生产审核评估与验收工作，其他企业清洁生产实施的监督由市、县级环保部门负责。

（2）实施排污许可证管理的地方环保部门，要把企业进行清洁生产审核的结果和采用清洁生产工艺的情况，作为核定该单位排污许可证允许排放量的依据。对没有实施清洁生产企业排污总量的核定，应比照同类型已经实施清洁生产企业进行。

（3）建设项目环境影响报告书中应包括清洁生产分析的专题，对建设项目清洁生产水平进行分析评价。项目建设过程中，要检查和督促建设单位落实环境影响报告书（表）以及环保部门审批意见中提出的清洁生产措施。

（4）建立促进清洁生产的激励机制，运用经济和市场手段调动企业实施清洁生产的自觉性和积极性。对开展清洁生产成效显著的企业，可以给予奖励和表彰。

（5）各地环保部门应尽快建立和完善各地清洁生产中心，形成推进清洁生产工作的技术支撑体系。要充分利用现有的环境科研、服务机构和社会团体的力量，开展清洁生产的审核、咨询、信息等技术服务工作。要制定针对清洁生产服务体系的运作机制和管理规则，使其走上规范化、科学化的轨道。

☞ **重点企业如何向环保部门申请清洁生产审核评估？**

清洁生产审核评估是指按照一定程序对企业清洁生产审核过程的规范性，审核报告的真实性，以及清洁生产方案的科学性、合理性、有效性等进行评估。

申请清洁生产审核评估的企业必须具备以下条件：（1）完成清洁生产审核过程，编制了《清洁生产审核报告》；（2）基本完成清洁生产无/低费方案；（3）技术装备符合国家产业结构调整和行业政策要求；（4）清洁生产审核期间，未发生重大及特别重大污染事故。

申请清洁生产审核评估的企业需提交的材料：（1）企业申请清洁生产审核评估的报告；（2）《清洁生产审核报告》；（3）有相应资质的环

境监测站出具的清洁生产审核后的环境监测报告；（4）协助企业开展清洁生产审核工作的咨询服务机构资质证明及参加审核人员的技术资质证明材料复印件。

申请评估企业向当地环保部门提出评估申请（企业需在上交清洁生产审核报告后一个月内提交评估申请）。当地环保部门对申请企业的条件、提交的材料进行初审，初审合格后，将材料逐级上报。省级环保部门组织专家或委托相关机构对初审合格的企业进行材料审查、现场评估，并形成书面意见，定期在当地主要媒体上公布通过清洁生产审核评估的企业名单。

☞　**重点企业清洁生产审核评估过程是如何安排的？**

（1）审阅企业清洁生产审核报告等有关文字资料。

（2）召开评估会议，企业主管领导介绍企业基本情况、清洁生产审核初步成果、无/低费方案实施情况、中/高费方案实施情况及计划等；企业清洁生产审核主要人员介绍清洁生产审核过程、清洁生产审核报告书主要内容等。

（3）资料查询及现场考察，主要内容为无/低费和已实施中/高费方案实施情况，现场问询，查看工艺流程、企业资源能源消耗、污染物排放记录、环境监测报告、清洁生产培训记录等。

（4）专家质询，针对清洁生产审核报告及现场考察过程中发现的问题进行质询。

（5）根据现场考察结果以及报告书质量，对企业清洁生产审核工作进行评定，并形成评估意见。

☞　**重点企业清洁生产审核评估标准有哪些内容？**

（1）领导重视、机构健全、全员参与，进行了系统的清洁生产培训。

（2）根据源头削减、全过程控制原则进行了规范、完整的清洁生产审核，审核过程规范、真实、有效，方法合理。

（3）审核重点的选择反映了企业的主要问题，不存在审核重点设置错误，清洁生产目标的制定科学、合理，具有时限性、前瞻性。

（4）提交了完整、翔实、质量合格的清洁生产审核报告，审核报告如实反映了企业的基本情况，对企业能源资源消耗、产排污现状、各主要产品生产工艺和设备运行状况，以及末端治理和环境管理现状进行了全面的分析，不存在物料平衡、水平衡、能源平衡、污染因子平衡和数据等方面的错误。

（5）企业在清洁生产审核过程中按照边审核、边实施、边见效的要求，及时落实了清洁生产无/低费方案。

（6）清洁生产中/高费方案科学、合理、有效，通过实施清洁生产中/高费方案，预期效果能使企业在规定的期限内达到国家或地方的污染物排放标准、核定的主要污染物总量控制指标、污染物减排指标；对于已经发布清洁生产标准的行业，企业能够达到相关行业清洁生产标准的三级或三级以上指标的要求。

（7）企业按国家规定淘汰明令禁止的生产技术、工艺、设备以及产品。

☞ **重点企业如何向环保部门申请清洁生产审核验收？**

清洁生产审核验收是指企业通过清洁生产审核评估后，对清洁生产中/高费方案实施情况和效果进行验证，并做出结论性意见。

申请清洁生产审核验收的企业必须具备以下条件：（1）通过清洁生产审核评估后按照评估意见所规定的验收时间，综合考虑当地政府、环保部门时限要求提出验收申请（一般不超过两年）。（2）通过清洁生产审核评估之后，继续实施清洁生产中/高费方案，建设项目竣工环保验收合格3个月后，稳定达到国家或地方的污染物排放标准、核定的主要污染物总量控制指标、污染物减排指标。

申请验收企业需填报《清洁生产审核验收申请表》，连同清洁生产审核报告、环境监测报告、清洁生产审核评估意见、清洁生产审核验收工作报告报送省级环保部门，省级组织验收。

☞ **重点企业清洁生产审核验收过程如何安排？**

（1）审阅有关文件资料；

（2）资料查询及现场考察，查验、对比企业相关历史统计报表（企业台账、物料使用、能源消耗等基本生产信息）等，对清洁生产方案的实施效果进行评估并验证，提出最终验收意见。

☞ **重点企业清洁生产审核验收标准有哪些内容？**

（1）清洁生产审核验收工作报告如实反映了企业清洁生产审核评估之后的清洁生产工作。企业持续实施了清洁生产无/低费方案，并认真、及时地组织实施了清洁生产中/高费方案，达到了"节能、降耗、减污、增效"的目的。

（2）根据源头削减、全过程控制原则实施了清洁生产方案，并对各清洁生产方案的经济和环境绩效进行了翔实统计和测算，其结果证明企业通过清洁生产审核达到了预期的清洁生产目标。

（3）有资质的环境监测站出具的监测报告证明自清洁生产中/高费方案实施后，企业稳定达到国家或地方的污染物排放标准、核定的主要污染物总量控制指标、污染物减排指标。对于已经发布清洁生产标准的行业，企业达到相关行业清洁生产标准的三级或三级以上指标的要求。

（4）企业生产现场不存在明显的跑、冒、滴、漏等现象。

（5）报告中体现的已实施的清洁生产方案纳入了企业正常的生产过程。

☞ **我国政府对推行清洁生产有哪些激励政策？**

激励政策是世界各国推行清洁生产的重要手段。通常采用优先采购、补贴或奖金、贷款，或贷款加补贴的形式鼓励企业实施清洁生产计划及节约能源项目。目前我国多项法律法规中规定政府对推行清洁生产可以采取激励政策。

如《中华人民共和国清洁生产促进法》有 5 项规定：

（1）国家建立清洁生产表彰奖励制度。对在清洁生产工作中做出显著成绩的单位和个人，由人民政府给予表彰和奖励。

（2）对从事清洁生产研究、示范和培训，实施国家清洁生产重点技术改造项目和本法第二十九条规定的自愿削减污染物排放协议中载明的技术改造项目，列入国务院和县级以上地方人民政府同级财政安排的有关技术进步专项资金的扶持范围。

（3）在依照国家规定设立的中小企业发展基金中，应当根据需要安排适当数额用于支持中小企业实施清洁生产。

（4）对利用废物生产产品的和从废物中回收原料的，税务机关按照国家有关规定，减征或者免征增值税。

（5）企业用于清洁生产审核和培训的费用，可以列入企业经营成本。

2003 年发展改革委、环保总局、科技部、财政部、建设部、农业部、水利部、教育部、国土资源部、税务总局、质检总局 11 个部门联合颁布《关于加快推行清洁生产的意见》对清洁生产激励政策作了进一步规定，如符合《排污费征收使用管理条例》规定的清洁生产项目，各级财政、环境保护行政主管部门在排污费使用上优先给予安排。

☞ **清洁生产有哪些税收政策？**

我国为加大环境保护工作的力度，制定了一系列的环保税收优惠政策，在推行清洁生产过程中，企业可充分利用这些优惠政策，主要有：

（1）所得税优惠：对利用废水、废气、废渣等废弃物作为原料进行生产的，在 5 年内减征或免征所得税；

（2）增值税优惠：对利用废物生产产品的和从废物中回收原料的，税务机关按照国家有关规定，减征或者免征增值税。如对以煤矸石、粉煤灰和其他废渣为原料生产的建材产品，以及利用废液、废渣提炼黄金、白银等免征增值税；

（3）建筑税优惠：建设污染源治理项目，在可以申请优惠贷款的同时，该项目免交建筑税；

（4）关税优惠：对城市污水和造纸废水部分处理设备等实行进口商品暂定税率，享受关税优惠；

（5）消费税优惠：对生产、销售达到低污染排放限值标准的小轿车、越野车和小客车减征 30% 的消费税。

以上各税收减免优惠，需按有关规定进行申报和审批。

☞ 什么是企业清洁生产绩效评估？

企业清洁生产绩效评估，一般是指评估企业经清洁生产审核并实施清洁生产方案后，在节能、降耗、减污、增效方面所取得的实际效果，通常以达到清洁生产标准级别和达到排放标准的方式表示。国际上通行的做法，这种评估工作由资质的第三方承担，因此又称为清洁生产认证。这类评估工作对企业的清洁生产起到监督和确认作用的同时，也为企业提供对其实施清洁生产成果和水平或者企业环境行为提供一种公证，评估的结论可以用于企业向社会发布信息、编制环境报告书、环境影响评价等。在组织强制性清洁生产审核时，应注意进行企业清洁生产绩效评估。

后 记

清洁生产是解决环境污染的一个根本途径，也是落实节能减排、实现可持续发展的一项重要手段。清洁生产审核是实施清洁生产的重要保证，是节能减排的重要抓手和切入点。2005 年，浦东新区成功创建国家环保模范城区后，区委、区政府以科学发展观为指导，提出建设生态区的目标，采取一系列措施，创新环境管理机制，全面推进环境保护工作。

2006 年 4 月，浦东新区人民政府颁布了《浦东新区环境保护基金管理办法》，同年发布了《浦东新区环境保护基金实施细则》。环保基金采取多方筹集、集中管理、统一使用的方针，加大了政府财政支持的力度。在环保基金的支持下，浦东新区积极安排企业清洁生产审核。2008 年前有 29 家企业通过了清洁生产审核验收，2009 年又计划安排 40 多家企业开展清洁生产审核。2007 年和 2008 年新区环保基金共投入 3 647 万元，其中相当部分用于为企业开展清洁生产审核和实施清洁生产方案提供补助。

开展清洁生产审核代表了新区环保部门在环境管理理念、管理内容、管理方法上的重大突破。浦东改革开放以来，通过产业结构调整和执行严格的环保政策，聚集了大量国际国内优秀的现代化企业，绝大多数企业做到稳定达标排放和按总量排放，标志着工业污染防治进入新的阶段。引导企业全面推进清洁生产，实现源头控制、工艺减排、过程减排和持续改进，是新区在新形势下，深化工业污染防治、节能减排的重要举措。实践证明组织企业开展清洁生产审核是环保部门一个重要的工作抓手，也是一项非常有效的管理制度。编入本书的 21 家企业清洁生产审核结果统计表明：21 家企业在审核期间共实施无/低费和中/高费方案 597 项，企业共投入项目整改资金 7 200 万元，其中已实施中/高费方案项目 55 个，投入资金 6 595 万元。据统计企业已实施方案可取得年经济效益为 10 213.9 万元。另有 10 个中/高费方案正在或准备实施，预计投入资金 4 837 万元，如实施后预计可获得年经济效益 2.07 亿元。同时也取得了较好的环境效益，21 家已完成的实施方案企业年节约自来水 41.59 万 t，减少废水排放 5.40 万 t；节电 1 202.3 万 kW · h，折合节约标准煤 4 007.6 t，折算减少 CO_2 排放 1.05 万 t，减少 SO_2 排放 34.06 t。此外，更重要的是加强了企业节能、降耗、减排的管理，建立了持续清洁生产计划和机制，有利于企业的长远发展和环境保护水平的提高。其间，政府对 21 家企业清洁生产审核补贴为 440 万余元，如全部方案实施后预计调动企业资金投入 12 110 万元，用于清洁生产、节能减排。

浦东新区作为国家综合配套改革的试验区，新区政府坚持"环境优先"方针，提出"以综合配套改革为动力，健全环境保护管理机制，设立各种激励机制和政策"的思路，出台了环保基金和鼓励清洁生产审核两项政策，无论对新区自身发展，还是对上海市或者全国推进清洁生产工作和环保事业发展，都有很好的参考价值。为此，上海市浦东新区环境保护和市容卫生管理局与新区环境保护协会合作编写《上海市浦东新区清洁生产案例及论文选编（2009）》一书。新区环境保护和市容卫生管理局与新区环境保护协会非常重视这项工作，专题研究，制定方案，征集论文，收集新区已通过验收的清洁生产审核报告，委托有关专家编写案例，同时本书还收集了部分清洁生产法规、文件和基本知识，为企业和有关部门推行清洁生产提供帮助和借鉴。

本书中 21 家企业清洁生产审核的案例表明，不同类型、规模、水平的企业，只要科学地认真开展清洁生产审核，都可取得节能、降耗、减污、增效的成果。书中案例比较客观地反映审核过程及采取的方法，重点介绍中/高费方案，这对今后审核工作的开展有借鉴意义。

此外，本书还收集了上海贝尔股份有限公司、中国石化上海高桥分公司等企业及环保管理部门的管理、技术人员撰写的论文，介绍了企业开展清洁生产审核的做法和经验，以及推进清洁生产中的技术和管理问题。这些论文表明，企业是开展清洁生产审核的主体，只有充分发挥企业管理和技术人员的积极性、创造性，清洁生产审核才能发挥其应有的作用。另外，企业推行清洁生产存在大量技术和管理问题，需要组织各方面力量帮助解决，还需要政府和社会提供培训、交流、技术、信息、资金等支持，这是今后推行清洁生产需注意的问题。

　　由于本书策划时间较短，编写时间较紧，存在一些不足，敬请读者指正。